Python Programming,
Simulation and Data
Visualization Tutorial

# Python

## 程序设计、仿真
## 与数据可视化基础

平 安 ◎编著

中国财经出版传媒集团

经济科学出版社
Economic Science Press

·北京·

Python

# 前 言

*PREFACE*

程序设计是本科和专科院校计算机、电子信息、统计学、数学、系统科学等相关专业的必修课程。在当前的信息化社会，编程也逐渐成为一项重要的学术技能和工作技能。Python 是一种面向对象的解释型高级程序设计语言，被广泛应用于自动化脚本开发、报表自动化、网络爬虫、科学计算、区块链、人工智能、大数据、Web 开发、游戏开发等领域，且 Python 具有简洁、易读、免费开源等优点，逐渐成为很多高校的程序设计课程的入门语言。在学术研究方面，包括经济学、管理学等专业领域的很多研究方向都对编程仿真有一定的要求。Python 强大的生态环境可以有效覆盖科学计算、统计分析、机器学习、深度学习、多智能体仿真、数据可视化、数据处理等，是当前相关研究的首选工具之一。在就业方面，Python 可以编写自动化脚本、处理 Excel 表格等，能够大幅提高信息化办公的效率。

本教材使用 Python 3.10，基于 Windows 系统，编写了大量样例代码。总体分为程序设计基础（第 1~14 章）和仿真与数据可视化基础（第 15~23 章）。可根据教学需求选择内容。

本教材的特色如下：（1）基本涵盖了将 Python 作为仿真语言需要的基础；（2）除了 Python 语法，教材中也穿插介绍相关的代码编写规范；（3）介绍了 Python 3.8 以来较为有用的新特性；（4）介绍了各种文档的查阅方式；（5）代码使用了编程友好的 Jetbrains Mono 字体，更加美观易读。

本教材主要针对 Python 基础、网络爬虫、科学计算和数据可视化基础教学，同时适用于专科和本科院校。可以用于本科或研究生阶段开设的学术仿真工具基础课程，也可以用于以 Python 作为语言的程序设计基础课程，还可以作为相关从业者和研究者的参考书目。

本教材由云南财经大学统计与数学学院教师平安根据授课讲义编写，在此特别感谢云南财经大学的石磊教授、陈飞教授、赵建华教授、卢启程教授、王天友老师、徐瑾琳老师、苏宏华老师等以及西安交通大学的喻达磊教授对本书的编写和出版提供的重要帮助和支持。同时感谢为本书进行纠错和提出建议的中国移动云南分公司的宋扬以及龙芊蕊、胡春东、段连鑫、贺曦等多位同学。最后，要重点感谢我挚爱的父亲和母亲给予的全方位的支持和帮助，这是本书能够成稿的基础。谨将此书献给我的父亲和母亲，感谢二老对我的养育、教育和支持。编者在编写过程中参考了诸多相关书籍和网上资料（包括各类博文以及官方文档），在此对相关文献的作者一并表示感谢。

由于编者水平所限，难免存在不足之处，敬请各位同行、专家和读者批评指正。

平安

2023 年 7 月

# 目 录

*CONTENTS*

# 第 **1** 章
## 绪论与环境配置

## ▲ 1.1 Python 概述、下载与安装

### 1.1.1 Python 概述

Python 是一种跨平台的计算机程序设计语言，由吉多·范罗苏姆（Guido Van Rossum）用 C 语言编写，并在 1991 年发布了第一个版本。Python 是一个结合了解释性、编译性、互动性和面向对象的高级编程语言。随着版本的不断更新和新功能的添加，Python 目前在自动化脚本、网络爬虫、信息系统开发、科学计算等众多领域均有广泛的应用。

Python 语言主要具备以下优点。

（1）简单易用：Python 语法相对简单，易于使用。

（2）格式清晰：用缩进取代 "{}" 描述代码的结构，代码书写格式固定。

（3）解释性语言：可进行交互式编程，方便代码的调试。

（4）面向对象的高级语言：使用者不用考虑底层实现，模型逻辑更贴近现实。

（5）跨平台与兼容性：能跨平台使用，也可以连接其他语言开发的模块。

（6）免费开源：使用成本为零或很低。

（7）生态系统功能强大：除了自身提供的标准库，还有大量的第三方库（包）可以使用。

Python 缺点是速度慢，这是解释性语言无法避免的共性，提速已成为当前 Python 更新的重要目标。

## 1.1.2　Python 的下载

Python 的安装程序可以到官网（https://www.python.org）免费下载，在 Downloads 菜单栏中单击 All releases 查找更多 Python 发行版的安装程序，如图 1.1 所示。

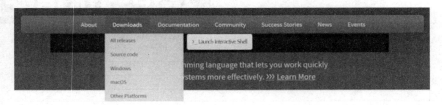

图 1.1　Python 官网顶部的局部菜单

继续向下滑动页面，可以在 Active Python Releases 栏看到当前的激活状态的版本发行情况，如图 1.2 所示。其中我们重点关注维护状态 Maintenance status 列，总的来说 Python 有以下 5 种维护状态。

（1）features：不稳定，允许增加新功能、进行错误和安全性修复。

（2）prerelease：较不稳定，允许对功能、错误和安全性进行修复。

（3）bugfix：稳定，允许进行错误和安全性修复，会及时发布二进制 installer 文件。

（4）security：最稳定，版本已经固定，仅允许进行安全性修复，不再发布 installer。

（5）end-of-life：维护周期结束，不再进行任何更新。

其中，Python 3.8~3.10 已是 security 维护状态，Python 3.12 是 prerelease 状态，Python 3.11 状态为 bugfix。本书使用当前最新的 security 状态且有 installer 的版本，即 Python 3.10.11。

| Python version | Maintenance status | First released | End of support | Release schedule |
| --- | --- | --- | --- | --- |
| 3.12 | prerelease | 2023-10-02 (planned) | 2028-10 | PEP 693 |
| 3.11 | bugfix | 2022-10-24 | 2027-10 | PEP 664 |
| 3.10 | security | 2021-10-04 | 2026-10 | PEP 619 |
| 3.9 | security | 2020-10-05 | 2025-10 | PEP 596 |
| 3.8 | security | 2019-10-14 | 2024-10 | PEP 569 |

图 1.2　All releases 栏目

回到下载页面，在 Active Python Releases 栏下方定位到"Looking for a specific release?"栏，找到 3.10.11 版本，单击其右侧的 Download，如

图 1.3 所示。

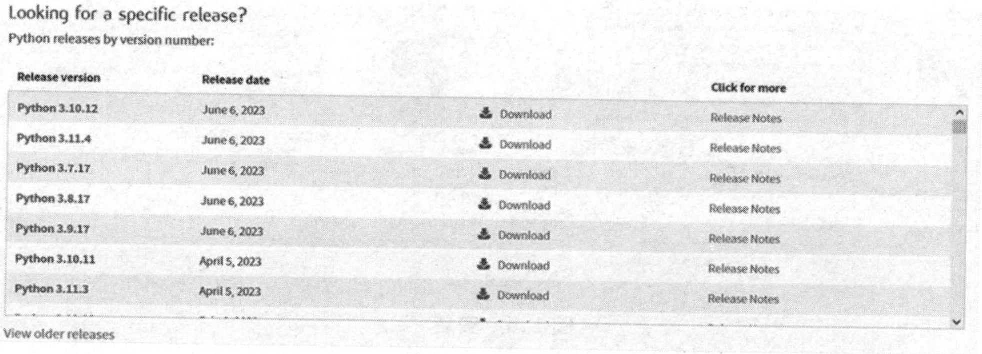

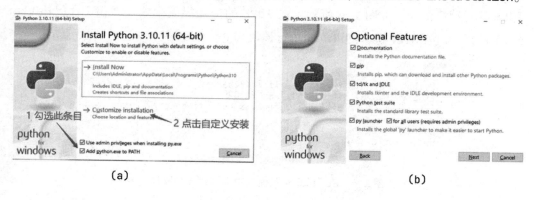

图 1.3　Looking for a specific release

随后进入 Python 3.10 的下载页面，滑动到页面最底端的 Files 栏，单击 Windows installer(64 - bit)即可下载 64 位 Windows 操作系统的 installer。

## 1.1.3　Python 的安装

（1）直接运行下载完成的 installer，出现图 1.4(a)的界面，勾选最下方的 Add Python.exe to Path 选项（自动配置环境变量），并单击 Customize installation。

（a）　　　　　　　　　　　　　　　　（b）

图 1.4　安装 - 1

（2）为了方便后续的使用，建议勾选所有选项（尤其是 pip），然后单击 Next 按钮，如图 1.4(b)所示。

（3）进行安装的高级设置，按图 1.5(a)完成勾选后，设置安装位置，本教程安装在"D:\Python\Python310"，然后单击 Install 按钮。安装完成后，单击 close 按钮即可，如图 1.5(b)所示。

(a)　　　　　　　　　　　　　　(b)

图1.5　安装 - 3

### 1.1.4　IDLE 的使用

IDLE 是 Python 自带的开发工具，安装后在开始菜单中的 Python 3.10 文件夹下即可找到其快捷方式。

#### 1．交互模式编程

打开 IDLE 即可进入交互模式，在模式中，用户可以同 Python 解释器进行"对话"，Python 解释器会立即回应你输入完成的代码（命令）。使用方式即直接打开 IDLE 编写程序语句。如图 1.6 所示，在 IDLE 的交互界面中输入"print('Hello World')"并按 Enter 键，即可立即执行该语句。

```
IDLE Shell 3.10.11                                         —  □  ×
File Edit Shell Debug Options Window Help
    Python 3.10.11 (tags/v3.10.11:7d4cc5a, Apr  5 2023, 00:38:17)
    [MSC v.1929 64 bit (AMD64)] on win32
    Type "help", "copyright", "credits" or "license()" for more i
    nformation.
>>> print("Hello World")
    Hello World
>>>
```

图1.6　在 IDLE 交互模式中编写第一个程序

#### 2．脚本模式编程

使用脚本模式编程，首先需要新建一个文本文档（.txt）文件，然后将其扩展名修改为".py"，该文件即成为一个 Python 脚本。例如创建一个 txt 文档 demo.txt，将其重命名为 demo.py 即可。选中 demo.py，右击，出现图 1.7(a) 中的选项，鼠标移动至"Edit with IDLE"位置，在弹出菜单中选择"Edit with IDLE 3.10 (64 - bit)"即可打开 IDLE 编辑器。

打开 IDLE 编辑器后，在第一行顶格输入 "print('Hello World')"。然后运行脚本只需直接按 F5 键，或单击上方菜单的 Run，再单击下拉菜单中的 Run Module 命令即可运行，如图 1.7(b) 所示。

(a) 使用 IDLE 编辑脚本　　　　　　　　　(b) 在 IDLE 中编写程序

图 1.7　IDLE 脚本模式

### 3. 配置与文档查看

单击 IDLE 上方菜单 Options 选项下 Configure IDLE 可进入配置界面，按 F1 键可打开 Python 官方文档。

## 1.2　第三方开发工具

Python 当前主流的第三方开发工具如下。

（1）Pycharm：专业级开发工具，具有智能高亮、调试和虚拟环境等功能，Pycharm 社区版（community）可免费使用，下载地址为 https://www.jetbrains.com/pycharm/。但智能提示功能不利于初学者入门学习，本教程建议初学者优先使用 IDLE，在达到一定的熟练度后，再使用 Pycharm。

（2）Jupyter Notebook：依托于浏览器的免费开发工具，尤其适用于教学和学习，需要使用 pip 安装。

（3）Anaconda：集成 Python 开发环境，包含了众多第三方库和工具。

（4）VS Code 等文本编辑器：可配置 Python 环境用于开发。

## 1.3　三方库的下载和安装

### 1.3.1　pip 命令

pip 命令可用于管理 Python 第三方库，使用时需要打开命令行。通用方法为按下 "Win + C" 快捷键打开运行菜单，输入 cmd 并按 Enter 键，然后即可在命令行中使用 pip 指令。pip 指令的格式和常用参数选项如下。

➢　pip < command >[options]

- 其 中 command 可选参数有：install（安装），uninstall（卸载），freeze（查看已经安装的库）和 list（同 freeze）。

## 1.3.2　设置下载镜像源

Python 在线安装第三方库时，默认下载镜像源在国外（https://pypi.org/simple/），下载速度很慢，可使用以下国内镜像源：

- 清华大学：https://pypi.tuna.tsinghua.edu.cn/simple/
- 阿里云：http://mirrors.aliyun.com/pypi/simple/
- 腾讯：https://mirrors.cloud.tencent.com/pypi/simple/
- 北京外国语大学：https://mirrors.bfsu.edu.cn/pypi/web/simple/

重要：建议输入下列指令永久修改默认下载的镜像源为腾讯（或其他国内镜像源）：

```
pip config set global.index - url https://mirrors.cloud.tencent.com/pypi/simple/
```

## 1.3.3　在线安装第三方库

直接使用如下指令。

```
pip install 第三方库名称
```

例如，安装当前最新版本的 numpy 可使用以下指令。

```
pip install numpy
```

如果要指定第三方库版本，使用"=="设置，例如，安装 numpy 1.24.1 使用以下指令。

```
pip install numpy ==1.24.1
```

将 install 更换为 uninstall 即可删除该三方库，例如，删除 numpy 可使用以下指令。

```
pip uninstall numpy
```

输入指令后敲击回车，Python 会自动下载并安装相应的第三方库，如果安装成功，会在安装过程信息的最后显示"Successfully installed 第三方库名称"。部分第三方库（如 jieba）安装时会报出以下警告。

```
DEPRECATION: jieba is being installed using the legacy 'setup.py install' method, because it
does not have a 'pyproject.toml' and the 'wheel' package is not installed.pip 23.1 will
enforce this behaviour change.A possible replacement is to enable the '--use-pep517'
option.Discussion can be found at https://github.com/pypa/pip/issues/8559
```

有两种方式消除此告警： （1）安装 toml 和 wheel 库。 （2）使用以下指令解决。

```
pip install 第三方库名称 --use-pep517
```

如果安装出现 Visual C++ 14.0 缺失错误。搜索 "Microsoft Visual C++ Redistributable latest supported downloads" 访问微软官网下载并安装即可。

## ◤ 1.4  易混淆字体

本教程中所有英文字符、数字以及符号均使用 "Jetbrains Mono" 字体，该字体能够有效区别下划线数量和易混淆的字符，但部分字符有一些外观变化，主要涉及的字符见表1.1。

表1.1　　　　　　　　　Jetbrains Mono 部分符号字体对照

| 序号 | 字符 | 描述 | 序号 | 字符 | 描述 |
|---|---|---|---|---|---|
| 1 | l | 字母 L 的小写 | 5 | @ | @符号（at） |
| 2 | O | 大写字母 O | 6 | 0 | 数字 0 |
| 3 | 1 | 数字 1 | 7 | & | & 符号（and） |
| 4 | o | 小写字母 o | 8 | a | 字母 A 小写 |

# 第2章
# Python基础语法

## 2.1 标识符与关键字

### 2.1.1 标识符（Identifier）

一个程序中包含有不同的程序结构对象，如变量、函数、类等。为了方便管理，可以使用标识符对其命名。通常 Python 中的标识符的命名有以下标准和原则。

（1）命名规则：标识符只能由 26 个英文字母（大小写均可）、下划线 "_" 和数字组成，且不能以数字开头。如 a1，a2f，a_d，_A 均正确。Python 常用的命名法如下：

- **下划线命名法**：不同单词之间用下划线分隔，如 "my_book"。为了便于区分，变量和函数使用全小写字母，常量使用全大写字母，而模块对字母大小写没有太多要求。
- **大驼峰命名法**：不同单词的首字母大写 ，如 "MyBook"。

（2）Python 大小写敏感：a 和 A 是两个不同的标识符。

（3）标识符命名必须简洁、易读、有意义：建议使用有意义的英文单词。

（4）命名避免与关键字、内置函数和模块等冲突，如 "class"。

（5）下划线 "_" 的使用：

- 以双下划线 "__" 开头的函数和变量通常有特殊意义（如私有化），不要随意使用。
- 如果标识符的命名与保留关键字有冲突，可在尾部添加一个下划线作为区分。如 "class_" 就可以与 "class" 区分开。

## 2.1.2 关键字（keyword）

关键字，是指具备特殊含义的单词。关键字往往有特殊功能。开发者在编程过程中需要避免自定义的标识符与关键字、内置函数和模块重名，Python 的保留关键字见表2.1。

表 2.1　　　　　　　　　　　　Python 保留关键字

| False | None | True | and | as | assert | async | await | break |
|-------|----------|-------|--------|------|--------|--------|----------|-------|
| class | continue | def | del | elif | else | except | finally | for |
| from | global | if | import | in | is | lambda | nonlocal | not |
| or | pass | raise | return | try | while | with | yield | |

关键字以及内置函数无须专门记忆，在学习和使用过程中逐步掌握即可。任何支持 Python 的编辑器和开发工具都有关键词和函数等的高亮显示功能。当输入的单词是 Python 的保留关键字或内置函数时，该单词的字体或颜色会发生变化，其中 Pycharm 还会直接给出警告，使用者可以通过观察相关变化来判断是否出现了命名冲突。

## ◤ 2.2　基本代码格式

Python 的代码有以下基本格式：

（1）顶格书写：在不涉及缩进的时候，所有代码需要顶格书写。

（2）正确使用缩进：Python 采用了严格的缩进格式，关于缩进的含义见第5章。在详细介绍缩进前，初学者的所有代码均顶格书写即可。

（3）使用换行（回车）标识语句的结束：执行程序时，解释器会从头开始读取语句，当遇到换行时，解释器就知道了当前语句读取结束，已读取的内容是一个完整的语句。

（4）标点等符号使用英文半角符号：除了字符串和注释的内容可以使用中文和中文标点，其他地方一律只能使用英文半角标点和符号。

（5）跨行编写代码：当语句过长时，为了方便阅读和编写，代码需要分成几行书写，则可以通过反斜杠（" \ "）进行连接。

（6）基本代码书写规范：

- 所有运算符的两侧都应该加一个空格，如 "x = 1 + 1"，运算符 " = " 和 " + " 两侧都有一个空格。而 " = " 在函数和方法调用时的 "()" 中使用则不需要添加空格。

- 标点符号的使用要符合英文书写规范：标点和左侧的代码之间没有空格，和右侧的代码之间要有一个空格。例如，"a, b = 1, 2"。

【例 2.1】跨行编写代码

```
a = 1
b = 2
c = a + \
    b
```

其中 c = a + b 就使用"\"进行了换行，但如果要换行的位置在"（）""[]"或"{}"中，则不需要使用"\"进行换行连接（但不能中断局部的完整语句）。换行后注意内容的对齐，以保证代码的易读性和美观，如以下代码。

```
a = (1,
    2)
```

【例 2.2】基本代码书写规范

```
print ('Hello', 'Word', sep = '-')        # 空格在函数调用时的使用规范
a, b = 0, 1                               # 标点符号的使用符合英文书写规范
```

# ◤ 2.3  注释

注释用于对代码进行解释说明，注释不会被 Python 解释器执行，因此对于使用的语言、标点和符号均没有限制。良好的注释对调试、维护和重构都有非常大的帮助，另外在调试代码的时候，将一些暂时不需要执行的代码注释掉，也是一种调试的技巧。Python 有单行注释和多行注释三种注释方式：（1）单行注释，使用"#"标识注释内容，本行"#"以后的内容均属于注释，不会被解释器执行，按照 PEP 规范，"#"后应加上一个空格后再书写注释内容；（2）多行注释，使用三对引号定义，注释内容写在引号中间，可以换行；（3）空行在 Python 程序中没有任何意义，但使用空行将不同部分的代码分隔开有利于提高代码的可读性。

【例 2.3】代码注释

```
# 注释示例（本行以"#" 开头）
a = 1                     # 注释标识"#" 前的 a = 1 会被执行，而"#" 后的内容不会被执行
"""
    用匿名字符串定义
    一个多行注释
"""
```

## 2.4  基本函数

### 2.4.1  print 函数初步

内置函数 print 用于在屏幕上打印指定的变量，print 使用可变位置参数接收要打印的变量（见第 5 章），基本使用方法为：

➢  print（v_1, [v_2,…, v_n,] sep = ' ', end = '\n'）

其功能为在屏幕上按顺序打印变量 v_1，v_2，…，v_n。可以打印任意数量的变量。使用 print 时，每个变量之间以分隔符 sep（默认空格 ' '）分隔。变量打印完成后，在最后添加结束符 end（默认是换行 '\n'）结束打印。

【例 2.4】print 基本使用

```
print('Mike', 20, 178)
print('Lucy')
------------------------------------运行结果------------------------------------
Mike 20 178
Lucy
```

本例将对应的数据打印到了屏幕上，且第一个 print 执行完整后自动输入了换行。因此第二个 print 中的数据将另取一行打印，且每一个 print 中的数据之间都是用了空格进行分隔。如果要修改分隔符，使用 sep = '' 传入分隔符（分隔符添加到引号中）。

【例 2.5】print 指定分隔符

```
print('Mike', 20, 178, sep = ' - ')
print('Lucy', 18, 168, sep = ', ')
------------------------------------运行结果------------------------------------
Mike - 20 - 178
Lucy, 18, 168
```

每次执行完 print 函数后都会自动打上换行符，如果不想换行，可以修改 end = 自定义的结束符完成。例如，将其修改为空字符 end = ''（一对引号，引号之间没有任何字符）。

【例 2.6】指定结束符 ''

```
print('Mike', 20, 178, sep = ' - ', end = '')
print('Lucy', 18, 168, sep = ', ')
------------------------------------运行结果------------------------------------
Mike - 20 - 178Lucy, 18, 168
```

### 2.4.2 type 函数

type(a)函数用于查看一个数据对象（变量）a 的类型。

【例 2.7】type 函数

```
a = 0.1
print(type(10))
print(type(a))
```
-----------------------------------运行结果 -----------------------------------
```
<class 'int'>
<class 'float'>
```

结果 " <class '类型'>" 中的 int 即整数 10 的类型，float 为变量 a 的
类型。

## ◢ 2.5　基本数据类型及运算符

### 2.5.1　变量的定义

Python 把创建变量（或声明变量）称为定义（Define），有以下三种模式。

（1）单变量定义：name = value。

（2）使用英文 "," 单行多变量定义："name_1, name_2, …, name_n =
value_1, value_2, …, value_n"，该方法也可以用于变量值的交换。

（3）单行连" = " 等值定义："name_1 = name_2 = … = name_n = value"。

（4）变量的标识符使用下划线命名法。

【例 2.8】变量的定义

```
a = 1                          # 定义变量 a，其值为 1
print(a)
b1, b2, b3 = 1, 2, 3           # 用，分别定义变量
print(b1, b2, b3, sep = ' , ')
b1, b2 = b2, b1                # 用，交换变量值
print(b1, b2, sep = ' , ')
c1 = c2 = c3 = 1               # 用连 = 赋给多个变量同一个值
print(c1, c2, c3, sep = ' , ')
```
-----------------------------------运行结果 -----------------------------------
```
1
1 , 2 , 3
2 , 1
1 , 1 , 1
```

### 2.5.2　数值类型及相关运算

Python 内置的数值类型包括整数、浮点数和复数。三种类型均可使用"标识符 = 数值"的方式定义，且必须赋值。若直接书写一个标识符而不进行赋值，则会出现 NameError 异常。

#### 1. 整数（int）

整数可使用"variable = value"的形式直接定义，只需要 value 以整数的形式书写即可。另外在定义整数时默认使用十进制，但 Python 支持规定使用的数制，只需在数字前添加对应的标识即可，如"0b"表示二进制，"0o"表示八进制，"0x"表示十六进制。

【例 2.9】定义整数变量

```
a1 = 101                              # 十进制
print(" a1:", a1)
a2 = 0b101                            # 二进制，数值写在 0b 之后
print(" a2:", a2)
------------------------------运行结果------------------------------
a1: 101
a2: 5
```

#### 2. 浮点数（float）

浮点数，或小数，可使用 variable = value 的形式直接定义，其中 value 可以通过以下两种模式进行书写。

（1）数字中包含小数点".":如"1.2"（表示1.2）、".1"（表示0.1）、"1."（表示1.0）、"2.0"（表示2.0）。

（2）使用"E"或"e"科学计数法：格式为"数值E整数"或"数值e整数"。其中数值部分可以是整数或浮点数，"E"和"e"后面的数值必须为整数（正整数、0 和负整数均可），表示"数值x10$^n$"。三个组成部分均不能缺省，且三者之间不能有任何空格。如"1e2"（100）、"2.1e3"（2100）、"1e - 2"（0.01）。

【例 2.10】定义浮点数

```
f1 = 1.                               # 缺省小数位
f2 = .1                               # 缺省整数位
f3 = 1.2                              # 完整浮点数
f4 = 1e2                              # 使用科学计数法构造浮点数
```

```
f5 = 1.1e - 2                                # 使用科学计数法构造浮点数
print(f1, f2, f3, f4, f5, sep = " , ")
```
--------------------------------运行结果 -------------------------------------
```
1.0 , 0.1 , 1.2 , 100.0 , 0.011
```

### 3．整数与浮点数之间的转换

int()和 float()也可以用于整数和浮点数之间的转换。例如要将整数变量 a 转换为浮点数，只需要使用命令"a = float(a)"即可，而"b = int(b)"可以将浮点数变量 b 转换为整数。其中将整数转换为浮点数是安全的，但是将浮点数转换为整数则有风险。

【例 2.11】浮点数转换为整数

```
a = 1.9
a = int(a)
print(a)
```
------------------------------------运行结果 --------------------------------------
```
1
```

浮点数转换为整数时，仅仅是将其小数部分去除掉，而不会进行小数位的舍入。因此在使用时要尤其小心。

### 4．复数（complex）

Python 支持复数数据类型，且复数的四则运算符合复数的运算法则。复数的直接定义格式为"variable = a + bj"。其中虚部 b 和虚数单位 j 不可缺省，例如"1 + j"或"j"均是错误的定义方式。复数也可以使用构造方法"complex (real, imag)"进行定义，其中 real 为实部，imag 为虚部，两者可取任意数值（包括复数），默认为 0，即"complex()"表示 0，"complex(1)"表示 1 + 0j，"complex(imag =1)"表示 0 +1j。complex 也可用于数据类型的转换。

【例 2.12】定义复数

```
c1 = 1 + 1j
c2 = 2.3j
c3 = 2 + (2 + 1) * 1j
c4 = complex(1.1, 2)
print(c1, c2, c3, c4)
```
------------------------------------运行结果 -------------------------------------
```
(1 +1j) 2.3j (2 +3j) (1.1 +2j)
```

### 5．算术运算符

表 2.2 展示了 Python 的基本算术运算符，表中 " ~ "为单目运算符，仅右侧

有操作数。其他所有运算符都是双目运算符，即运算符的两侧都有操作数。二进制位运算符多用于硬件接口程序，本教程不做讨论。通常情况下，Python 中只有相同的数据类型之间才可以进行算术运算。例如，"a + b" 要求 a 和 b 必须是相同的数据类型，否则会出现类型错误。但 Python 对数值型变量实现了无风险的自动转型，例如 "a + b"，如果 a 是整数，而 b 是浮点数，则会把 a 转换为浮点数运算；除法运算 "a / b" 的结果则一律为浮点数；复数运算时会自动转换整数和浮点数为复数。

表 2.2 　　　　　　　　　　　　Python 常用算术运算符

| 运算符 | 中文名称 | 功能描述 | 示例 |
|---|---|---|---|
| + | 加 | 两个数字相加 | x = 1 + 1　结果：x = 2 |
| - | 减 | 两个数字相减 | x = 2 - 1　结果：x = 1 |
| * | 乘以 | 两个数字相乘 | x = 2 * 3　结果：x = 6 |
| / | 除以 | 两个数字相除 | x = 4 / 2　结果：x = 2 |
| % | 求余 | 返回除法运算的余数 | x = 6 % 4　结果：x = 2 |
| ** | 幂 | 求 x 的 n 次幂 | x = 2 ** 3　结果：x = 8 |
| // | 取整除 | 商的整数部分 | x = 6 // 4　结果：x = 1 |
| >> | 按位向右移位（二进制） | 两个整数按二进制描述右移，不足位补 0 | x = 4 >> 1　结果：x = 2 |
| << | 按位向左移位（二进制） | 两个整数按二进制描述左移，不足位补 0 | x = 4 << 1　结果：x = 8 |
| & | 按位与（二进制） | 两个整数按二进制描述进行与运算 | x = 5 & 3　结果：x = 1 |
| \| | 按位或（二进制） | 两个整数按二进制描述进行或运算 | x = 5 \| 3　结果：x = 7 |
| ^ | 按位异或（二进制） | 两个整数二进制描述进行异或运算 | x = 5 ^ 3　结果：x = 6 |
| ~ | 按位取反（二进制） | 整数按二进制描述按位取反 | x = ~ -1　结果：x = 0 |

## 6. 赋值运算符

Python 赋值运算符见表 2.3。

表 2.3 　　　　　　　　　　　　Python 赋值运算符

| 运算符 | 中文名称 | 描述 | 运算符 | 中文名称 | 描述 |
|---|---|---|---|---|---|
| = | 赋值 | 将 = 右边的值赋值给 = 左边的变量 | /= | 除法赋值 | a /= b 等价于 a = a / b |
| += | 加法赋值 | a += b 等价于 a = a + b | %= | 求余赋值 | a %= b 等价于 a = a % b |
| -= | 减法赋值 | a -= b 等价于 a = a - b | **= | 乘方赋值 | a **= b 等价于 a = a ** b |
| *= | 乘法赋值 | a *= b 等价于 a = a * b | //= | 整除赋值 | a //= b 等价于 a = a // b |

赋值运算符都是双目运算符，需要注意以下内容。

（1）运算符 " = " 的运算顺序是先完成右侧算式的计算，再把结果赋给左侧的变量，即先右后左，也称为右结合性。

（2）Python 没有自增、自减运算。只能使用 a += 1 或 a -= 1 实现 a 的自增和自减。

（3）使用 a += b 还是等价的完整运算式 a = a + b，取决于个人习惯。

（4）二进制位运算也有类似的赋值运算符，如"|="，本教程不再介绍。

### 2.5.3 布尔型及相关运算

#### 1．布尔型（bool）

布尔型变量用于描述逻辑值。可以取的值有 True（逻辑真）和 False（逻辑假）。布尔型变量可以使用"variable = value"的形式直接定义，其中 value 只能为 True 或 False。

【例 2.13】定义布尔型变量

```
b1 = True
b2 = False
b3 = bool()
print(b1, b2, b3)
----------------------------------运行结果------------------------------------
True False False
```

#### 2．逻辑运算

Python 的逻辑运算符见表 2.4，比较运算符见表 2.5。

表 2.4　　　　　　　　　　　　　Python 逻辑运算符

| 运算符 | 名称 | 功能描述 | 示例 |
|---|---|---|---|
| and | 与 | and 两边的逻辑表达式均为 True，则结果为 True，否则为 False | x and y |
| or | 或 | or 两边的逻辑表达式至少有一个为 True，则结果为 True，否则为 False | x or y |
| not | 非 | 逻辑取反，not 右侧的为 True，则结果为 False，反之亦然 | not x |

表 2.5　　　　　　　　　　　　　Python 比较运算符

| 运算符 | 名称 | 功能描述 | 示例 |
|---|---|---|---|
| == | 等于 | 若 == 两边相等，则结果为 True，否则为 False | x == y |
| != | 不等于 | != 两边不相等，则结果为 True，否则为 False | x != y |
| > | 大于 | > 左侧数据大于右侧数据，则结果为 True，否则为 False | x > y |
| < | 小于 | < 左侧数据小于右侧数据，则结果为 True，否则为 False | x < y |

续表

| 运算符 | 名称 | 功能描述 | 示例 |
|---|---|---|---|
| >= | 大于等于 | >= 左侧数据大于等于右侧数据，则结果为 True，否则为 False | x >= y |
| <= | 小于等于 | <= 左侧数据小于等于右侧数据，则结果为 True，否则为 False | x <= y |
| is | 是 | is 两边的对象在内存中是同一个，则结果为 True，否则为 False | x is y |
| is not | 不是 | is not 两边的对象在内存中不是同一个，则结果为 True，否则为 False | x is not y |

其中 **is** 和 **is not** 用于身份判断（见第 8 章）。逻辑运算的结果既可以用一个逻辑变量去接收，也可直接在条件判断语句中使用（见第 5 章）。比较判断支持连续书写判断，如 "**0 < a <= 1**"。

【例 2.14】逻辑判断和比较判断

```
t1, t2 = True, False
b1 = t1 and t2                              # 用 b1 接收结果
b2 = t1 or t2                               # 用 b2 接收结果
print('b1: ', b1)
print('b2: ', b2)
print('not t1: ', not t1)
a, b = 0.1, 0.4
print('a == b: ', a == b)                   # 直接打印结果
print('0 < a < b <= 1: ', 0 < a < b <= 1)   # 连续比较判断
print('0 < a < b <= 0.2: ', 0 < a < b <= 0.2)  # 连续比较判断
-----------------------------------运行结果-----------------------------------
b1: False
b2: True
not t1: False
a == b: False
0 < a < b <= 1:    True
0 < a < b <= 0.2:    False
```

### 3．数值类型与布尔型的转换

所有数据类型都可以使用 **bool()** 将其转换为布尔型。对于整数、浮点数和复数这三种数值型变量，若数值与 0 相等，则会被转换为 **False**，否则都将被转换为 **True**。

## ▲ 2.6 运算符优先级与 "（ ）"

数学中有先乘除、后加减的运算顺序，这就是运算符的优先级，在程序当中同

样存在相应的优先级。对于复杂的运算，可以使用圆括号"（）"强制设置优先运算，且圆括号可以嵌套，最内层的圆括号内的表达式会被优先计算，与数学运算中的括号相同。可以看出圆括号"（）"具有最高的优先级。本课程建议通过大量使用"（）"来简单控制运算优先级，这样的代码不易出错，也具有更好的可读性和可维护性。Python 运算符的优先级见表 2.6，运算优先级的数字编号越大，优先级越低。

表 2.6                            Python 逻辑运算符

| 优先级 | 运算符 | 描述 |
|---|---|---|
| 1 | () | 改变运算符优先级 |
| 2 | ** | 幂运算 |
| 3 | ~ | 反码运算 |
| 4 | *、/、%、// | 乘除运算 |
| 5 | +、- | 加减运算 |
| 6 | >>、<< | 位移运算 |
| 7 | & | 位与运算 |
| 8 | ^、\| | 异或与或运算（位） |
| 9 | <=、<、>、>= | 数值比较运算 |
| 10 | ==、!= | 数值关系运算 |
| 11 | =、+=、-=、*=、/=、//=、**=等 | 赋值运算 |
| 12 | is、is not | 身份运算（地址） |
| 13 | in、not in | 成员运算（序列数据） |
| 14 | not、or、and | 逻辑运算 |

## ▲ 2.7   关键字 del

关键字 del 用于删除某个变量。程序在内存中运行，每一个变量都要在内存中占据一定的空间。使用 del 可以将这个变量删除，从而释放空间。

【例 2.15】关键字 del

```
x = 1                                           #定义变量 x
del x                                           #删除变量 x
print(x)                                        #打印 x 的结果
-----------------------------------运行结果-----------------------------------
NameError: name 'x' is not defined
```

将变量 x 删除后，再访问 x 会出现 NameError 异常。

## 2.8    空值 None

None 是 Python 的保留关键字，表示空值常量，类型为 NoneType。None 是一个全局常量，且不能被修改，PEP 规范要求使用"a is None"和"a is not None"来判断 a 是否是 None，且 None 的布尔转换结果为 False。

【例 2.16】None 的使用和判断

```
a, b = 1, None
print('a is not None: ', a is not None)
print('b is None: ', b is None)
print('bool(None): ', bool(None))
----------------------------------运行结果-----------------------------------
a is not None: True
b is None: True
bool(None): False
```

## 2.9    习题

1. 单行注释用什么符号标识？

2. 标识符的命名规则是什么？

3. 如何查看一个变量的数据类型？

4. 如何定义一个值为 1 的整型变量 num？

5. 语句 int (1.89) 的结果是什么？

6. 如何在 Python 中定义复数 2，2 +3j 和 5j？

7. 给定变量 a 和 b，在不使用分别赋值的条件下，如何交换 a 和 b 的值？

8. 运算符" = "和" == "的区别是什么？

9. 关键字 del 的作用是什么？

10. 给定一个非负整型变量 a，如何通过算术运算判断 a 是奇数还是偶数？

11. 给定一个非负整型变量 a，如何通过算术运算取出 a 的个位上的数，例如取出 123 的个位数 3。

12. 给定一个非负整型变量 a，如何通过"**"运算求出 a 的立方根？

13. Python 的逻辑运算符（关键字）有哪三个？

14. not (True and ((False or True) or True)) 的结果是什么？删除式中的所有括号后，结果又是什么？为什么？

15. Python 中整型、浮点型、复数、布尔型变量的英文名称各是什么？

所谓序列，即有序的线性元素（或数据）集合，常用的有字符串、列表和元组。

## ▲ 3.1　序列的基本操作

建议在学习本章字符串、列表和元组的基本操作部分时返回查看本节内容。

### 3.1.1　获取序列的长度：len()

函数 len 可以获取指定序列的长度，即元素的个数，结果为非负整数，且结果可以被变量接收。例如要使用变量 length 接收序列 array 的长度，可使用以下语句。

```
length = len(array)
```

### 3.1.2　序列的索引：[]

序列的索引即访问并取得序列中的某个元素，使用索引运算符方括号"[]"，格式如下。

```
array[index]
```

其中 array 是一个序列，方括号的 index 是一个合法整数，该整数表示元素在序列中的位置（索引序号）。索引序号从 0 开始，至 len(array)-1 结束。索引

index 可取合法的非负整数（正索引）或负整数（负索引），以列表 x = [3, 5, 4, 2]为例。

（1）正索引：index 为索引的元素的索引序号。例如：x[0]代表第 1 个元素 3，x[2]代表第 3 个元素 4，而 x[4]为非法索引，因为最后一个元素 2 的索引序号是 3。

（2）负索引：index 为负整数，表示从右向左的逆序索引，最大取 -1。例如，x[-1]代表倒数第 1 个元素 2，而 x[-5]为非法索引，因为第一个元素的负索引为 x[-4]。需要注意负索引不能取 -0，x[-0]和 x[0]是等价的。

### 3.1.3　序列的相等判断

使用"=="运算符。当且仅当两个序列的长度相同，且两个序列中对应的元素相等时，才满足 x == y，否则 x != y。例如，有列表 a = [1, 2]、b = [1, 2] 和 c = [1, 2, 3]，则有 a == b 但 a != c。

### 3.1.4　序列的布尔转换

序列可以转换为布尔型，转换规则为布尔转换序列长度，即 bool(len(x))。

【例 3.1】序列的布尔转换（以字符串为例）

```
s1 = ''                              #空字符串，两个引号中间没有任何内容
s2 = ' '                             #空格字符串，两个引号之间有一个空格，长度为1
s3 = '0'                             #数字字符串，内容为字符0，长度为1
print('s1 -> bool:', bool(s1))
print('s2 -> bool:', bool(s2))
print('s3 -> bool:', bool(s3))
-------------------------------运行结果-------------------------------
s1 -> bool: False
s2 -> bool: True
s3 -> bool: True
```

## ▲ 3.2　字符串（str）

### 3.2.1　字符串的定义

字符串是由任意数量的字符组成的一个**不可变**序列，字符就是长度为 1 的字符

串。字符串使用英文单引号"'"、双引号""")或三引号（"'''"或""""）成
对表示。引号中的内容即字符串的内容。

【例3.2】字符串的定义

```
# 使用单引号定义
s1 = 'Hello'
# 使用双引号定义
s2 = "Python"
# 使用三引号定义，三引号定义的字符串中可以直接用回车表示换行
s3 = '''Hello #$123 Python'''
s4 = """ Hello
    Python"""
# 单引号和双引号的混合使用
s5 = " It's my book!"
print('s1 -> ', s1)
print('s2 -> ', s2)
print('s3 -> ', s3)
print('s4 -> ', s4)
print('s5 -> ', s5)
--------------------------------运行结果-------------------------------
s1 -> Hello
s2 -> Python
s3 -> Hello #$123 Python
s4 -> Hello
    Python
s5 -> It's my book!
```

例3.2中内容为'Hello'的字符串 s1 就是一个由 5 个字符按顺序组成的字符
串。字符串的内容可以是键盘上可以输入的任意字符，包括中文、数字及各种符号，
但反斜杠"\"除外（见3.2.4节）。从代码中可以看出，单引号和双引号在使用
上没有任何区别。三单引号和三双引号之间也没有任何区别。其中三引号定义的字
符串中间可以直接输入回车用于换行，而单引号和双引号定义的字符串中间不能输
入回车。单引号和双引号到底使用哪一种，这取决于使用者的需要，例如代码中的
s5，字符串中需要出现单引号"'"，但此时 s5 如果使用单引号定义（s5 = 'It's
my book'），字符串中的单引号会直接与开头的单引号配对，定义字符串'It'，而后面
的 s my book'会因为只有 book 后面有一个单引号，而前面没有单引号导致语法错
误。而使用双引号定义 s5 就不会存在这样的问题，因为双引号不会去和单引号配
对，该问题在三单引号和三双引号中同样存在。

需要特别注意的是，' '是空格字符，而不是空字符，两个引号之间有一个空
格，长度为1。而空字符是''，两个引号之间没有任何东西，长度为0。另外，与

C 语言相同，字符 '3' 表示这个字符的内容是 3，而不是数字 3，不能参与数值运算。

### 3.2.2　字符串的转换

Python 的任何数据类型都可以无风险地转换为字符串，只需要使用函数 str()。但字符串不一定可以转换为其他的数据类型，如果要转换为整数、浮点数或复数，字符串内的数据内容必须符合整数、浮点数或复数的定义格式。对于浮点数也支持科学计数法和小数点的简化用法，对复数支持 a + bj 的格式。

【例 3.3】字符串和数字的相互转换

```
x1 = str(1)                              # 将整数转换为字符串
x2 = str(1.2)                            # 将浮点数转换为字符串
x3 = str(1 + 3j)                         # 将复数转换为字符串
print(x1, x2, x3)
x5 = int('1')                            # 将整数字符串整数转换为整数
x6 = float('1.2')                        # 将浮点数字符串浮点数转换为浮点数
x7 = float('1e2')                        # 将科学计数法字符串数转换为浮点数
x8 = complex('1 + 3j')                   # 将字符串转换为复数
print(x5, x6, x7, x8)
------------------------------------运行结果------------------------------------
1 1.2 (1 + 3j)
1 1.2 100.0 (1 + 3j)
```

### 3.2.3　字符串的基本操作

（1）索引：使用索引运算"[]"访问索引序号对应位置字符，见 3.1.2 节。

（2）获取序列长度：使用函数 len()，见 3.1.1 节。

（3）相等比较：见 3.1.3 节。

（4）拼接：将多个字符串按顺序首尾相接，组成一个新的字符串，语法如下。

```
string_1 + string_2 + … + string_3
```

- 字符串是**不可变**的序列，不能通过索引修改字符串中的字符。
- 字符串的拼接和数乘都是构造一个新的字符串作为结果，不会修改原字符串。
- 重要：参与拼接的变量必须都是字符串。

（5）数乘：将一个字符串复制 n（正整数）遍，组成一个新的字符串。语法如下。

```
string * n
```

【例 3.4】字符串基本操作

```
s1 = '123'                                    #内容为数字的字符串
s2 = ''                                       #空字符串
s3 = ' '                                      #仅包含一个空格的字符串
y1 = s1 + '321'                               #字符串拼接
y2 = str(s1) + str(321)                       #字符串拼接的安全模式
y3 = s1 * 3                                   #字符串数乘
print('s1[1] -> ', s1[1])                     #索引 s1 的第 2 个字符
print('s1 + "321" -> ', y1)                   #字符串的加法（拼接），即使内容是数值，也不会做数值加法
print('str(s1) + str(321) -> ', y2)           #字符串的安全拼接模式
print('s1 * 3 -> ', y3)                       #字符串的多倍复制
print('len(s2) -> ', len(s2))                 #空字符串的长度为 0
print('len(s3) -> ', len(s3))                 #仅含有一个空格的字符串长度为 1
print("s1 == '123' -> ", s1 == '123')         #字符串的相等判断
--------------------------------运行结果--------------------------------
s1[1] -> 2
s1 + "321" -> 123321
str(s1) + str(321) -> 123321
s1 * 3 -> 123123123
len(s2) -> 0
len(s3) -> 1
s1 == '123' -> True
```

　　为了安全，拼接字符串时应对所有参与拼接的变量进行字符串转换，如例 3.4 中的 y2。

### 3.2.4　转义字符

　　以反斜杠"＼"开头的字符即为转义符，表示一个特殊的字符。常用转义符见表 3.1。

表 3.1　　　　　　　　　　　　　常用转义符

| 简化转义符 | 含义 | 简化转义符 | 含义 |
| --- | --- | --- | --- |
| \ | 续行符 | \\ | 反斜杠 \ |
| \n | 换行符 | \' | 英文单引号 ' |
| \r | 回车符 | \" | 英文双引号 " |

续表

| 简化转义符 | 含义 | 简化转义符 | 含义 |
| --- | --- | --- | --- |
| \t | 水平制表符 | \f | 换页 |
| \a | 蜂鸣器响铃 | \b | 退格 |

**【例 3.5】** 转义符的使用

```
s1 = 'A\\D'                              #包含一个 \ 的字符串
s2 = '你\n好'                            #包含换行符 \n 的字符串
s3 = '小平\t老师'                        #包含制表符 \t 的字符串
print('s1 -> ', s1)                      #打印 s1
print('s2 -> ', s2)                      #打印 s2
print('s3 -> ', s3)                      #打印 s3
print('len -> ', len(s1), len(s2), len(s3))   #按顺序打印三个字符串的长度
----------------------------------运行结果----------------------------------
s1 ->  A\D
s2 ->  你
好
s3 ->  小平    老师
len ->  3 3 5
```

s1 中的 ' \\ '在打印的时候直接显示成了' \ '。打印 s2 时，两个字符'你'和'好'之间出现了换行，即' \n'被解释为了换行符。打印 s3 时，字符串'小平'和'老师'之间出现了多个空格。最后一行代码打印了三个字符串的长度，可以清楚观察到三个转义符的长度都是 1。

### 3.2.5　r-字符串

转义符可以解决一些特殊字符在字符串中的显示问题，但也带来了新的问题。例如，在 windows 系统中，路径的分隔符就是反斜杠' \ '，当我们要用字符串去表示 D 盘下的名为 text.txt 的文本文件时，很自然会想到'D: \ text.txt'。然而此时字符串中的' \t '会被解释为制表符，导致其描述的路径错误。应修改为'D: \\ text.txt'。但这样的使用比较麻烦，对此 Python 提供了 r - 字符串解决这个问题。

Python 在定义 r - 字符串时，可以在引号之前添加字母'r'，表示该字符串是原始字符串，即不对这个字符串中的转义符进行转义。但不能用来定义只包含一个反斜杠的字符串，例如 r' \ '是非法的，只能使用' \\ '来定义。

**【例3.6】** 文件路径（r - 字符串）

```
s1 = 'D:\text.txt'                        # 错误描述，未注意到 \t 是转义符
s2 = 'D:\\text.txt'                       # 使用 \\ 表示 \
s3 = r'D:\text.txt'                       # 使用 r 前缀取消转义
print('s1 -> ', s1)
print('s2 -> ', s2)
print('s3 -> ', s3)
---------------------------------运行结果---------------------------------
s1 ->   D:    ext.txt
s2 ->   D:\text.txt
s3 ->   D:\text.txt
```

以下代码则会出现语法错误：

```
# 反斜杠字符"\"的错误定义
s1 = r'\'
---------------------------------运行结果---------------------------------
SyntaxError: EOL while scanning string literal
```

## 3.3 列表（list）

列表是 Python 区别于其他编程语言的一种特殊数据结构，是一种特殊的连续表。列表与 C、Java 等语言中的数组很相似，但又有所不同，其使用非常灵活。

### 3.3.1 列表的构造

列表的特征是方括号"[]"，列表的构造方法和特点如下：

（1）使用"[]"和元素构造，不同的元素之间用英文逗号","分隔，例如：a = [1, 2, 3]。

（2）使用 list()或"[]"可以构造一个空列表，例如：a = []或 a = list()。

（3）列表中的元素可以都是同一类型，也可以是不同类型，例如：a = [1, 2.1, 'Hello']。

（4）列表也可以嵌套，且形状可以不规则，例如：a = [[1, 2], ['a', 'b', True]]。

（5）如果列表过长或存在嵌套，可以在"[]"内直接换行而不需添加"\"，但前提是换行前的语句已经完整书写。

**【例 3.7】** 列表的构造

```
a1 = []                                    # 构造空列表
a2 = list()                                # 构造空列表
a3 = [0, 1.2, True, 'string', [1, 2]]      # 存储多种数据类型的列表
a4 = [[0, 1],
      [1, 0]]                              # 跨行构造列表
print('a1 -> ', a1)
print('a2 -> ', a2)
print('a3 -> ', a3)
print('a4 -> ', a4)
--------------------------------运行结果---------------------------------
a1 ->  []
a2 ->  []
a3 ->  [0, 1.2, True, 'string', [1, 2]]
a4 ->  [[0, 1], [1, 0]]
```

如《例 3.7》，列表 a1 和 a2 为两个空列表；a3 中存储了多种不同的类型的变量，形状不规则；a4 则是一个规则的二维列表，在定义时，可以按行进行分开定义，这样在定义行数或列数较多的二维列表时会比较方便和清晰。

### 3.3.2 列表的基本操作

#### 1. 索引及修改元素

列表使用索引运算"[]"访问列表中的元素，支持正索引和负索引。且可以通过索引修改元素，如果列表存在嵌套，那么可以用多个索引运算完成类似矩阵的索引，例如，二维矩阵可以使用"[row][col]"索引列表的第 row 行，第 col 列。

**【例 3.8】** 列表的索引及修改

```
# 通过索引访问和修改元素
a1 = [1, 2, 3]
print('a1[0]修改前 -> ', a1)
a1[0] = 9
print('a1[0]修改后 -> ', a1)
# 嵌套列表的多重索引
a2 = [[0, 1], [2, 3]]
print('a2[0][1] -> ', a2[0][1])
# 索引列表中的列表元素
a3 = [0, [9, 8], True]
print('a3[1] -> ', a3[1])
```

```
----------------------------------运行结果----------------------------------
a1[0]修改前 ->  [1, 2, 3]
a1[0]修改后 ->  [9, 2, 3]
a2[0][1] ->  1
a3[1] ->  [9, 8]
```

### 2．获取列表的长度

注意 len 仅会取得最外层列表的长度，内层嵌套列表的元素不会被计算。

【例 3.9】获取嵌套列表的长度

```
a = [0, [9, 8], True]
print('len(a) -> ', len(a))
----------------------------------运行结果----------------------------------
len(a) ->  3
```

### 3．基本运算

（1）拼接（+）：与字符串拼接类似，按列表参与运算的顺序拼接一个新的列表。

（2）数乘（*）：与字符串类似，结果为列表。

（3）相等判断：见 3.1.3 节。

【例 3.10】列表的基本运算

```
a, b, c = [1, 2], [3, 4, 5], [1, 2]      # 构造三个列表
d1 = a + b                               # 列表的拼接
d2 = a * 2                               # 列表的数乘
print('a + b ->', d1)                    # 打印拼接结果
print('a * 2 ->', d2)                    # 打印数乘结果
print('a == c ->', a == c)               # 打印列表相等判断结果
print(a, b, c)                           # 打印操作后的原列表
----------------------------------运行结果----------------------------------
a + b -> [1, 2, 3, 4, 5]
a * 2 -> [1, 2, 1, 2]
a == c -> True
```

### 4．列表常用方法

列表常用方法见表 3.2，其中圆括号中"*"和"/"的含义见 6.5 节，当前只需要结合实例理解这些方法如何使用即可。列表的更多方法可使用 help(list) 查看官方文档。

表 3.2                                                列表的常用方法

| 方法签名 | 说明 |
|---|---|
| list.append(object, /) | 将 object 添加到列表的尾部 |
| list.clear() | 清空列表 |
| list.count(value, /) | 统计 value 在列表中出现的次数（使用 == 判断） |
| list.insert(index, object, /) | 将 object 插入到列表的 index 索引位置，原位置元素后移 |
| list.remove(value, /) | 删除列表中第一个与 value 相等的元素（使用 == 判断） |
| list.reverse() | 将列表翻转 |
| list.sort(*, reverse = False) | 对列表进行排序，若 reverse = True，则为降序排序 |

**【例 3.11】** 列表部分常用方法

```
x = [3, 4, 1, 2, 1]                          # 构造列表
x.append(0)                                  # x 尾部添加 0
print(1, x)
print(2, x.count(1))                         # 统计 1 在 x 中出现的次数
x.insert(0, 5)                               # 在 x 的 0 索引出插入 5
print(3, x)
x.reverse()                                  # 翻转列表 x
print(4, x)
x.sort(reverse = True)                       # 对 x 降序排序
print(5, x)
----------------------------------- 运行结果 -----------------------------------
1 [3, 4, 1, 2, 1, 0]
2 2
3 [5, 3, 4, 1, 2, 1, 0]
4 [0, 1, 2, 1, 4, 3, 5]
5 [5, 4, 3, 2, 1, 1, 0]
```

### 5. 使用 del 操作列表

del 可以删除一整个列表，也可以删除指定索引位置的元素，而该索引序号之后的所有元素向前移动一位，如下例。

```
x = [3, 4, 2, 1]
del x[1]                                     # 删除索引位置为 1 的元素
print(x)
----------------------------------- 运行结果 -----------------------------------
[3, 2, 1]
```

注意：虽然列表可以通过 append、remove、insert 等方法和 del 灵活地改变其形状，但除了 append，其他改变列表形状的方法都应该慎用。列表底层是一个连

续表（见课程《数据结构》），移动元素会导致效率低下。

# ▲ 3.4 元组（tuple）

元组（**tuple**）是一个可存储任意类型数据的有序数据序列。但元组是**不可变**的序列，即元组中的元素和元组的形状都不能被修改。元组存储效率高，适合用于存储常量。

## 3.4.1 元组的构造

使用"()"和","进行构造，元素之间用","分隔，如"(1, 2)"。如果元组中只有一个元素，必须保留逗号，如"(1,)"。因为面对(1)时，Python 解释器会将"()"其理解为优先运算。

【例3.12】元组的构造

```
# 同时使用"()"和","构造元组
a1 = (0, 1, 2)                          # 长度超过1的元组
a2 = (0, )                              # 长度为1的元组
a3 = (0)                               # 并不是元组
# 同时打印目标内容和类型
print('a1: ', a1, 'type: ', type(a1))
print('a2: ', a2, 'type: ', type(a2))
print('a3: ', a3, 'type: ', type(a3))
------------------------------------运行结果------------------------------------
a1: (0, 1, 2) type: < class 'tuple' >
a2: (0,) type: < class 'tuple' >
a3: 0 type: < class 'int' >
```

从结果可知，a2 是一个元组（tuple），但 a3 是一个整数（int）。因此没有","无法构造元组。那么没有圆括号是否可以构造元组，测试一下：

```
# 仅使用","构造元组
a1 = 0, 1, 2                            # 长度超过1的元组
a2 = 0,                                # 长度为1的元组
a3 = 0                                 # 并不是元组
# 同时打印目标内容和类型
print('a1: ', a1, 'type: ', type(a1))
print('a2: ', a2, 'type: ', type(a2))
print('a3: ', a3, 'type: ', type(a3))
```

```
-------------------------------------运行结果 -------------------------------------
a1: (0, 1, 2) type: <class 'tuple'>
a2: (0,) type: <class 'tuple'>
a3: 0 type: <class 'int'>
```

因此，没有圆括号依然可以构造元组，元组的真正特征是",",圆括号只是其字符串的字符串显示特征。但在构造元组时，还是应该保留"()",这样代码更清晰。

### 3.4.2　元组的基本操作

（1）索引：使用索引运算"[]"访问索引序号对应位置元素，与列表相同。

（2）获取序列长度：方法同列表，使用函数 len。

（3）相等判断：见本章 3.1.3 节。

（4）拼接（+）：计算方法同列表，结果为元组。

（5）数乘（*）：计算方法同列表，结果为元组。

（6）作为**不可变**的序列，元组不能通过索引修改元素，这一点和字符串相同。

【例 3.13】元组的不可变性

```
#尝试修改元组
x = (0, 1, 2)
x[0] = 1
-------------------------------------运行结果 -------------------------------------
TypeError: 'tuple' object does not support item assignment
```

但元组的不可变性仅限于元组中存储的元素是不可修改数据类型。

【例 3.14】修改元组中的列表

```
x = (0, [1, 2])                    # 构造一个含有列表的元组
x[1].append(3)                     # 索引出元组中的列表，向列表中添加数据
print(x)
-------------------------------------运行结果 -------------------------------------
(0, [1, 2, 3])
```

可知元组中的列表确实被修改了，而且程序没有报错。这里暂时只需要记住，元组如果存储的数据是不可变的（具体的原因见第 8 章），那么元组中的元素才是不可修改的。

## 3.5 关键字 in

关键字 in 用于成员的归属判断运算，使用格式如下。

```
data in array
```

其中 data 是一个变量，array 则是一个序列，用于判断 data 是否存在于序列 array 中，即 data 是否是序列 array 的成员。如果 data 是 array 的成员，表达式结果为 True，否则为 False。同理，如果要判断 data 是否不是 array 的成员，格式如下。

```
data not in array
```

这里的 array 可以是字符串、列表、元组和字典等序列。但如果 array 是一个字符串，则 data 也必须是一个字符串。需要注意的是：和列表的 count 等方法相同，关键字 in 在进行成员判断时，使用的是相等关系运算 " == "（详见第 7 章）。

【例 3.15】关键字 in

```
x = [1, 2, 4, True, 'Hello']
y = 'abcde'
print('1 in x:', 1 in x)
print('9 in x:', 9 in x)
print("'cd' in y:", 'cd' in y)
print("'a' not in y:", 'a' not in y)
--------------------------------运行结果--------------------------------
1 in x: True
9 in x: False
'cd' in y: True
'a' not in y: False
```

## 3.6 切片（slice）

切片是对序列的一种高级索引方式，可以按需求取出序列中的部分元素组成新序列。而被切片的原序列不会发生改变，实质是对序列进行基于浅拷贝的局部复制（见第 8 章）。Python 支持两种完整切片和简化切片两种方式。

（1）完整切片：

```
array[start: stop: step]
```

（2）简化切片：

```
array[start: stop]
```

- start：int，切片的起始索引，支持负索引，若缺省则取默认值 0。
- stop：int，切片的终止索引（该位置不会被取到），支持负索引。若缺省则取默认值 len(array)。
- step：int，步长，支持负整数，但不能为 0。若缺省，则取默认值 1。
- 当 step = 1 时，完整切片 array[start: stop: 1]或 array[start: stop:]与简化切片 array[start: stop]等价。
- step > 0 为正向切片，step < 0 为逆向切片。
- 注意：字符串的切片结果为字符串，列表的切片结果为列表，元组的切片结果为元组。

【例3.16】列表的切片

```
x = [0, 1, 2, 3, 4]
y = x[1:3]                          # 切片会生成一个新列表
print('1.x[1:3] -> ', y)            # 简化切片
print('2.x[:] -> ', x[:])           # 缺省所有参数,等价于 x[0: len(x)]
print('3.x[2:] -> ', x[2:])         # 缺省 stop,等价于 x[2: len(x)]
print('4.x[1:4:2] -> ', x[1:4:2])   # step > 0
print('5.x[4:1: -2] -> ', x[4:1: -2]) # step < 0
print('6.x -> ', x)                 # 操作结束后的 x 没有发生任何变化
-------------------------------运行结果-------------------------------
1.x[1:3] ->  [1, 2]
2.x[:] ->  [0, 1, 2, 3, 4]
3.x[2:] ->  [2, 3, 4]
4.x[1:4:2] ->  [1, 3]
5.x[4:1: -2] ->  [4, 2]
6.x ->  [0, 1, 2, 3, 4]
```

## 3.7  序列的相互转换

字符串、列表和元组直接可以相互转换，转换的原理为根据一个具体的序列，构造出一个新的目标序列类型变量，方法如下。

```
new_array = list(array)                          # 根据 array 构造列表
new_array = tuple(array)                          # 根据 array 构造元组
new_array = str(array)                            # array 的字符串转换
```

**【例 3.17】序列的相互转换**

```
a, b, c = [0, 1], (1, 0), 'a2c'
x1 = tuple(a)                                     # 列表转元组
x2 = list(b)                                      # 元组转列表
x3 = list(c)                                      # 字符串转列表
x4 = str(b)                                       # 元组转字符串
x5 = tuple([1, [2, 3]])                           # 将嵌套列表转换为元组
print('x1:', x1)
print('x2:', x2)
print('x3:', x3)
print('x4:', x4)
print('x5:', x5)
--------------------------------运行结果--------------------------------
x1: (0, 1)
x2: [1, 0]
x3: ['a', '2', 'c']
x4: (1, 0)
x5: (1, [2, 3])
```

可知字符串在转换为列表时，会按顺序将字符串的每一个字符分开后放到列表中。但列表转换为字符串时并不会将列表中的元素转换为字符串后进行拼接，而是直接生成一个描述该序列的字符串，如本例中的 x4 就是一个描述了元组 b 的字符串（详见第 7 章）。而嵌套列表转换为元组时，只是将最外层的列表转换为元组，内部嵌套的列表不会被转换，元组也同理。

## ▶ 3.8　习题

1. 序列的正索引号从几开始？
2. 序列的负索引规则是什么？
3. 序列的布尔转换规则是什么？
4. 路径字符串 "D:\nail \test.txt" 是否正确？如果错误，应该怎么修改？
5. 语句 'abc123' == 'abc 123' 的结果是什么？
6. 给定一个列表 x，如何将整数 1 添加到 x 的尾部？
7. 有列表 a = [1, [3], [4, 5, [7], 6]]，如何索引出 a 中的元素 7？

8．有列表 a = [[1, 2], 1, 2, 3]，切片 a[: 2]的结果是什么？

9．语句 1 in (2, 3, [1, 2]) 的结果是什么？为什么？

10．元组((1, 2), 3, [4]) 转换为列表的结果是什么？

# 第4章
## 字典和集合

## 4.1 字典（dict）

字典是一种存储映射关系的集合。字典中存储的元素以"键-值"对（key-value）的形式存在，其中"键"是元素的唯一标识。

### 4.1.1 字典的构造

字典的特征为"{}"和键值对，其键值对的格式为"key: value"。其中key是键，而value是值。字典的构造方式和注意事项有：

（1）使用"{}"和键值对直接构造，每一个元素都以键值对的形式输入，不同的键值对之间用","分隔，例如：a = {'A': 1, 998: '3'}。

（2）使用"{}"或dict()构造空字典，例如：a = {}或a = dict()。

（3）注意：按照PEP规范，直接构造字典时，键值对的书写格式为"key: value"，即引号":"后应该有一个空格，而":"前没有空格。

（4）字典对键（key）的要求：

- 唯一性：一个字典里的所有键都必须唯一。
- 不可变性：键一经设置就不可修改，但可以删除整个键值对。
- 取值：可以是任意数据类型，应优先考虑字符串和数字。

（5）字典对值（value）的要求：可以是任意数据类型（对象）。

【例 4.1】构造字典

```
d1 = {'A': 1, 'B': 3, 666: 'six - six - six'}        # 指定键 - 值对构造字典 d1
d2 = {}                                              # 构造空字典
print('d1:', d1)
print('d2:', d2)
----------------------------------运行结果 ------------------------------------
d1: {'A': 1, 'B': 3, 666: 'six - six - six'}
d2: {}
```

### 4.1.2 字典的基本操作

#### 1. 字典的索引

字典使用索引运算"[ ]"来访问字典中的元素，但"[ ]"中传入的必须是字典中存在的键，获取的数据则是该键对应的值。

【例 4.2】字典的索引

```
d = {'Python': 90, 'Java': 88}
print(d['Python'])                                   # 使用字典中存在的键'Python'进行索引
print(d['C ++'])
----------------------------------运行结果 ------------------------------------
90
KeyError: 'C ++ '
```

如上例，使用'Python'可以索引到字典 dic 中的键'Python'所对应的值 90。而使用'C ++ '索引时，由于字典 dic 中没有键'C ++ '，出现了 KeyError 错误。

#### 2. 字典的修改

假设现在有字典 dic 和键 key，可以进行如下操作：

（1）修改值：如果键 key 存在于字典 dic 中，"dic[key] = new_value"可以把字典 dic 中 key 对应的值修改为 new_value。

（2）增加键值对：如果字典 dic 中没有键 key，"dic[key] = new_value"可以在字典 dic 中添加一个新的键值对"key: new_value"。

（3）删除键值对：如果键 key 存在于字典 dic 中，"del dic[key]"可以删除 dic 中 key 索引的键 - 值对。

**【例 4.3】** 字典的修改

```
dic = {'Python': 90, 'Java': 88}          # 构造字典
dic['Python'] = 91                        # 修改'Python 对应的值
dic['C ++'] = 60                          # 添加键值对 'C ++':60
dic['C#'] = 80                            # 添加键值对 'C#':80
print('del 前:', dic)
del dic['C ++']                           # 删除键值对 'C ++':60
print('del 后:', dic)
--------------------------------运行结果--------------------------------
del 前: {'Python': 91, 'Java': 88, 'C ++': 60, 'C#': 80}
del 后: {'Python': 91, 'Java': 88, 'C#': 80}
```

### 3. 获取长度与布尔转换

len()函数可获取字典的长度（键 - 值对的数量）。布尔转换规则为 bool(len (d))。

### 4. 成员运算 in

对字典而言，成员运算 "key in dic" 用于判断键 key 是否存在于字典 dic 中，而不能用于判断值 key 是否存在于字典 dic 中。

**【例 4.4】** 字典的 in 判断

```
dic = {'Python': 90, 'Java': 88}                    # 构造字典
print("'Python' in dic:", 'Python' in dic)          # 可以用于判断字典中是否存在某个键
print("90 in d:", 90 in dic)                        # 不能用于判断字典中是否存在某个值
--------------------------------运行结果--------------------------------
'Python' in dic: True
90 in dic: False
```

### 5. 字典的合并运算

Python 3.9 开始字典支持 "并" 运算，运算符为 " | "。当两个字典进行合并运算时，如果右侧字典具有左侧字典中的键，则该键的值以右侧字典的值为准。

**【例 4.5】** 字典的并运算

```
a = {'a': 0, 'b': 1}
b = {'b': 2, 'c': 3}
c = a | b
print(c)
--------------------------------运行结果--------------------------------
{'a': 0, 'b': 2, 'c': 3}
```

## 6. 字典的常用方法

字典常用方法见表4.1，更多方法可以使用 help(dict) 查看官方文档。

表4.1　　　　　　　　　　　　　　字典常用方法

| 方法签名 | 说明 |
|---|---|
| dict.clear() | 清空字典 |
| dict.copy() | 复制字典 |
| dict.items() | 取出所有键值对，每一个键值对以(key, value)的元组形式储存在返回值中 |
| dict.keys() | 取出所有键 |
| dict.values() | 取出所有值 |

【例4.6】字典常用方法

```
x = {'A': 0, 'B': 1, 'C': 2}
print(1, x.items())                          # 取出所有键值对
print(2, x.keys())                           # 取出所有键
print(3, x.values())                         # 取出所有值
y = x.copy()                                 # 复制 x
print(4, y)
----------------------------------运行结果------------------------------------
1 dict_items([('A', 0), ('B', 1), ('C', 2)])
2 dict_keys(['A', 'B', 'C'])
3 dict_values([0, 1, 2])
4 {'A': 0, 'B': 1, 'C': 2}
```

# 4.2　集合（set）

## 4.2.1　集合的特点及构造

Python 提供有集合数据类型，该类型具有以下特点。

（1）存储的元素是唯一且无序的，底层原理为哈希表。

（2）存储的元素的数据类型必须可哈希（hashable）。包括数字、字符串元组、自定义的类等。不支持存储列表和字典，且布尔型与整数 0、1 冲突，应避免使用。

（3）支持 len() 函数和关键字 in 的成员判断。

（4）如果集合 set 是空集，其布尔转为 False，否则为 True。

（5）空集合的构造方法：s = set()。

（6）使用列表或元组构造集合：例如，a 是一个列表，语句 "s = set(a)" 相当于构造集合 s 后，将 a 中的元素全部加入 s，并且会自动去除 a 中重复的元素。

（7）使用 "{}" 构造有初始元素的集合：在 "{}" 中指定初始元素，不同元素之间用 "," 分隔，例如 s = {1, 2, 1}，并且会自动去除重复元素。

本教程不讨论自定义类的哈希规则，但不推荐使用集合存储自定义类的对象。

**【例4.7】** 构造集合

```
a = (1, 2, 3, 4, 4)
s1 = set(a)                            # 使用元组 a 构造集合
s2 = set()                             # 构造空集合
s3 = {2, 2, 1}                         # 使用{}构造集合
print(s1)
print(s2)
print(s3)
---------------------------------运行结果---------------------------------
{1, 2, 3, 4}
set()
{1, 2}
```

## 4.2.2　集合的常用方法

集合常用方法见表4.2，更多内容可使用 help(set) 查看官方文档。

表4.2　　　　　　　　　　　　　　　集合常用方法

| 方法签名 | 说明 |
| --- | --- |
| set.add(elem) | 将 elem 添加到集合中，如果 elem 已存在于集合中，则不会被添加 |
| set.discard(elem) | 如果集合中有 elem，则将集合中的 elem 删除 |
| set.update(s) | 更新集合，将集合 s 中含有，但本集合没有的元素添加到本集合中 |
| set.pop() | 取出集合中的任意一个元素，并将其从集合中删除 |
| set.clear() | 清空集合 |

**【例4.8】** 集合常用方法

```
x = {1, 2, 'abc'}
x.add(7)                               # 在 x 中增加 7
print(1, x)
x.discard(7)                           # 删除 x 中的 7
print(2, x)
t = x.pop()                            # 取出 x 中的一个元素
```

```
print(3, t, x)
y = {0, 1, 2}
x.update(y)                                    # 参照 y 更新 x
print(4, x)
```
----------------------------------运行结果------------------------------------
```
1 {1, 2, 'abc', 7}
2 {1, 2, 'abc'}
3 2 {'abc'}
4 {0, 1, 2, 'abc'}
```

### 4.2.3　集合的运算

Python 的集合 set 支持表 4.3 中的运算，以下的运算都是基于集合元素的 "==" 运算。

表 4.3　　　　　　　　　　　集合的关系运算

| 运算符 | 描述 | 示例 |
| --- | --- | --- |
| < | 真包含于 | a < b，若 a 是 b 的真子集，则结果为 True，否则为 False |
| <= | 包含于 | a <= b，若 a 是 b 的子集，则结果为 True，否则为 False |
| == | 相等 | a == b，若 a 与 b 互相包含，则结果为 True，否则为 False |
| != | 不相等 | a != b，若 a 与 b 中的元素不完全相同，则结果为 True，否则为 False |
| >= | 包含 | a > b，若 b 是 a 的真子集，则结果为 True，否则为 False |
| > | 真包含 | a >= b，若 b 是 a 的子集，则结果为 True，否则为 False |
| & | 求交集 | a & b，求 a 和 b 的交集，即两个集合中的共同元素，结果为集合 |
| \| | 求并集 | a \| b，求 a 和 b 的并集，即包含 a 和 b 的所有元素，结果为集合 |
| - | 求差集 | a - b，求 a 与 b 的差集，即 a 包含但 b 不包含的元素，结果为集合 |
| &= | 求交集并赋值 | a &= b 等价于 a = a & b |
| \|= | 求并集并赋值 | a \|= b 等价于 a = a \| b |
| -= | 求差集并赋值 | a -= b 等价于 a = a - b |

## ▶ 4.3　习题

1．字典对键的要求是什么？

2．简述列表、元组和字典之间的相同点和不同点。

3．字典中键值对的索引规则是什么？

4．如何向字典中添加新的键值对？

5．如何判断字典中是否存在某个键？

6．简述集合存储元素的特点。

7．如何向集合添加元素？

8．集合的 pop 和 discard 两个方法有什么异同？

9．使用语句 s = {}创建的变量 s 是什么类型？

10．如何判断集合中是否存在某个元素？

# 第5章

# 程序结构与逻辑控制

## ▶ 5.1 代码的从属结构（缩进）

与 C 语言等其他语言一样，Python 也会涉及代码块的从属关系，如 `if`、`while` 和 `for` 等。C 等语言都通过花括号 "`{}`" 来实现程序结构从属关系的标识，这里以 `if` 为例，对于 C 语言而言，一个存在嵌套的 `if` 语句示例如下。

```
if(exp1)
{
    block11
    if(exp2)
    {
        block2
    }
    block12
}
```

通过花括号的匹配，上述代码可以清晰分辨代码从属关系。`block11` 和 `block12` 从属于第一个 `if`，`block2` 从属于第二个 `if`，且第二个 `if` 从属于第一个 `if`。去除花括号，使用英文冒号 "`:`" 标识子代码块的开始，通过缩进判断从属关系，就是 Python 的代码从属描述规则。因此按 Python 的结构格式，上述代码变为以下代码。

```
if exp1:
    block11
    if exp2:
        block2
    block12
```

用缩进控制程序结构虽然能够完美解决格式的问题，在缩进的使用上要遵循以下原则：

（1）使用 Tab 键或空格输入缩进，PEP 规范规定一个缩进为 4 个空格。

（2）IDLE 等开发工具均可以设置一个缩进"Tab"的空格数（默认 4），使用"Tab"时建议检查设置信息。

## ◢ 5.2　if 条件控制

### 5.2.1　单分支条件控制（if）

单分支条件控制使用关键字 if（如果）表达，其逻辑结构如图 5.1(a)。书写格式如下。

```
if condition :
    block
```

（1）if：逻辑判断关键字，后接空格和逻辑表达式 condition，以英文冒号":"结尾。

（2）condition：逻辑表达式，如果结果为 True，则执行 if 的子代码块 block，否则跳过该子代码块。**如果 condition 不是布尔型，会自动对其进行布尔转换。**

（3）block：子代码块，condition 为 True 要执行的代码，相对 if 要有一个缩进。

（4）if 可以嵌套，解释器通过缩进来判断子代码块与 if 的归属关系。

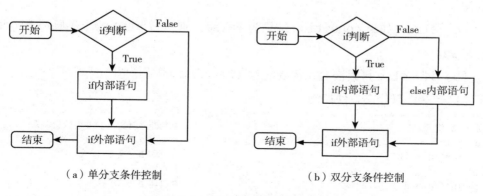

（a）单分支条件控制　　　　　（b）双分支条件控制

**图 5.1　单分支和双分支结构**

**【例5.1】** 单分支条件控制

```
a, b = 1, 2                          # 判断并打印 a 和 b 的数值关系
if a <= b:                           # 如果 a 小于等于 b
    print('a <= b')                  # 打印 a <= b
    if a == b:                       # 进一步,如果 a == b
        print('严格来说 a == b')      # 打印进一步判断信息 a == b
    if a < b:                        # 如果 a < b
        print('严格来说 a < b')       # 打印进一步的判断信息 a < b
if a > b:                            # 注意该 if 和第一个 if 对齐,此时第一个 if 已经终结
    print('a > b')                   # 打印判断信息 a > b
------------------------------------运行结果--------------------------------------
a <= b
严格来说 a < b
```

## 5.2.2　双分支条件控制（if – else）

双分支条件控制流程图见图 5.1(b)，使用关键字 if（如果）和 else（否则）表达，书写格式如下：

```
if condition :
    block_of_if
else:
    block_of_else
```

（1）if：逻辑判断关键字，后接空格和逻辑表达式 condition，以英文冒号":"结尾。

（2）condition：逻辑表达式，如果结果为 True，则执行 if 的子代码块 block_of_if。否则跳过该子代码块。

（3）block_of_if：if 判断通过后要执行的代码，子代码块相对 if 都要有一个缩进。

（4）else：如果 condition 结果为 False，则执行 else 的子代码块 block_of_else。

（5）if – else 可以嵌套，但要注意 if 和 else 的对齐与匹配。

**【例5.2】** 双分支条件控制

```
a, b = 2, 1                          # 判断并打印 a 和 b 的数值关系
if a <= b:                           # 如果 a 小于等于 b
    print('a <= b')                  # 打印 a <= b
else:                                # 否则
    print('a > b')                   # 打印 a > b
------------------------------------运行结果--------------------------------------
a > b
```

### 5.2.3 多分支条件控制（if-elif-else）

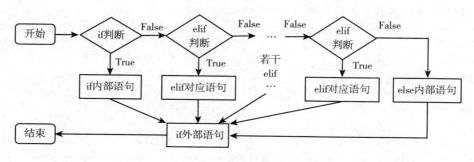

**图 5.2 多分支结构**

多分支条件控制结构如图 5.2，使用关键字 if、elif 和 else 表达，其中 if 只出现一次，且不可缺省。elif 可以出现一次或多次，且必须在 if 之后。else 可以出现一次或缺省。若不缺省 else，则 else 必须在多分支结构的最后，且该多分支结构中一定会有一个分支被执行。而如果缺省 else，则有该分支结构的所有分支中最多有一个会被执行，在 if 和所有 elif 的条件都不满足时，所有分支都不执行，书写格式如下。

```
if condition_1:
    block_1
elif condition_2:
  block_2
...
elif condition_n:
    block_n
else:
    block_of_else
```

（1）if：逻辑判断关键字，后接空格和逻辑表达式 contion_1，以英文冒号":"结尾。

（2）elif：逻辑判断关键字，与 if 对齐，必须出现在 if 之后，数量不限，后接空格和对应的逻辑表达式 condition_n，以英文冒号":"结尾。

（3）condition_n：第 n 个逻辑表达式，如果结果为 True，则执行其所在逻辑判断关键字引导的子代码块 block_n，否则跳过该子代码块。**会自动进行布尔转换**。

（4）block_n：子代码块，对应 if 和 elif 判断通过后要执行的代码，子代码块相对 if 和 elif 要有一个缩进。

（5）else：可缺省，如果同级 if 和全部 elif 的判断结果均为 False，则执行 else 引导的代码块 block_of_else。

(6) if - elif - else 可以嵌套。解释器通过缩进来判断子代码块的归属关系。

【例 5.3】多分支条件控制（含 else）

```
a, b = 2, 1                              # 判断并打印 a 和 b 的数值关系
if a < b:                                # 如果 a 小于等于 b
    print('a < b')                       # 打印 a <= b
elif a == b:                             # 如果 a 等于 b
    print('a == b')                      # 打印 a == b
else:                                    # 否则
    print('a > b')                       # 打印 a > b
----------------------------------运行结果-----------------------------------
a > b
```

## ▲ 5.3 循环（loop）

循环的作用是根据程序设置的条件，重复执行某一段代码直至达到终止条件。有时程序需要进行大量的重复性工作，这就需要使用循环来完成。

### 5.3.1 条件循环（while）

条件循环 while 循环流程结构见图 5.3(a)，流程规则为根据设置的条件来决定程序是否要执行循环代码，其书写格式如下。

```
while condition :
    block
```

(1) while：条件循环关键字，后接空格和逻辑表达式 expression，以英文冒号 "："结尾。

(2) condition：表达式，若结果为 True，则执行 while 的循环体代码。否则跳过 while 及其循环体。**若表达式的结果不是布尔型变量，则自动对结果进行布尔转换。**

(3) block：循环体子代码块，condition 为 True 时要执行的代码，相对 while 有一个缩进。

(4) while 可以嵌套，解释器通过缩进来判断子代码块与 while 的归属关系。

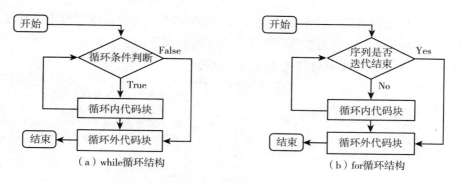

图 5.3　Python 循环结构

【例 5.4】计算等差数列 1，2，…，100 的和

```
result = 0                                              # 用于存储结果
num = 1                                                 # 初始值
while num <= 100:                                       # 循环条件
    result += num                                       # 计算当前总和
    num += 1                                            # num 自增
print(result)                                           # 打印结果
---------------------------------运行结果----------------------------------
5050
```

该程序在进入循环前定义了一个整数 result 和 num，然后进入 while 引导的子代码块。首先 while 需要判断 num 是否不大于 100。如果满足条件，则进入循环体，将当前的 num 加和到 result 中。重复上述过程，直到 num > 100 时，while 后的 num <= 100 结果为 False，while 引导的循环体子代码块将不会再被执行，循环结束。

### 5.3.2　迭代循环（for）

迭代循环即 for 循环，流程结构如图 5.3(b)，其格式为：

```
for variable in iterable :
    block
```

（1）for：迭代循环关键字，后面接空格、变量、in 和一个可迭代序列 iterable，以英文冒号 "：" 结尾。

（2）variable：循环变量，用于遍历可迭代序列 iterable 中的值。

（3）iterable：常用 range 类，类数组序列（元组，列表，字符串）和字典。

（4）block：循环体子代码块，在 iterable 还没有完成迭代时要执行的代码，循环体的所有代码相对 for 都有一个缩进。

（5）for 可以嵌套，解释器通过缩进来判断子代码块与 for 的归属关系。

（6）可迭代的含义：涉及设计模式中迭代器的概念，我们可以简单将其理解为一个可以按顺序遍历访问的有序序列（一个元素只被访问一次）。

【例5.5】找出一个整数元组中的所有偶数

```
result = []                            # 用于存储结果的空列表
nums = (0, 4, 3, 1, 2, 5, 10)          # 要取出偶数的元组
for num in nums:                       # 使用 for 循环遍历元组 nums 的元素
    if num % 2 == 0:                   # 判断是否是偶数，将偶数加入 result
        result.append(num)
print(result)                          # 打印结果
----------------------------------- 运行结果 -----------------------------------
[0, 4, 2, 10]
```

进入 for 循环后，变量 num 会按顺序逐个取出 nums 中的元素，直到遍历了 nums 中的所有元素。变量 num 无论你是否在循环中将其修改，进入下一次循环的时候，num 都会变为当次迭代到的 nums 中的元素。

Python 提供了 range 对象用于搭配 for 循环。目前可以将 range 理解为一个元组，但实际上是一个惰性可迭代序列，用于构造一个起始值为 start，终止值为 stop（但不包括 stop），步长（公差）为 step 的序列，其构造方法为：

（1）range([start,] stop)：构造一个起始值为 start，结束值为 stop，步长为 1 的等差序列，如果 start 缺省，默认 start 为 0，例如 range(3)结果为[0, 1, 2]。

（2）range(start, stop, step)：构造一个起始值为 start，结束值为 stop，步长为 step 的等差序列，例如 range(0, 4, 2)结果为[0, 2]。

【例5.6】取出 0～30 的偶数

```
result = []
for num in range(31):                  # 使用 for 循环计算 0 - 30 之间的偶数
    if num % 2 == 0:                   # 如果 num 是偶数
        result.append(num)            # 将 num 添加到 result 中
print(result)
----------------------------------- 运行结果 -----------------------------------
[0, 2, 4, 6, 8, 10, 12, 14, 16, 18, 20, 22, 24, 26, 28, 30]
```

【例5.7】for 循环迭代字典：for 循环遍历字典时，循环变量遍历的是字典的键（key）

```
x = {'Python': 90, 'Java': 89, 'C#': 90, 'C ++': 80}
for k in x:                            # 使用 for 循环计遍历字典
    print(k)
----------------------------------- 运行结果 -----------------------------------
Python
Java
C#
C ++
```

### 5.3.3　循环的原则与控制

#### 1．循环的嵌套

【例5.8】循环的嵌套（打印九九乘法表）

```
for row in range(1, 10):                                    # 逐行进行循环
    for col in range(1, 10):                                # 逐列进行循环
        # 打印一个乘法公式,以',\t'结束
        print(row, '*', col, '=', row * col, end = ',\t')
    print()
-------------------------------------运行结果-------------------------------------
1 * 1 = 1, 1 * 2 = 2, 1 * 3 = 3, 1 * 4 = 4, 1 * 5 = 5, 1 * 6 = 6, 1 * 7 = 7, 1 * 8 = 8, 1 * 9 = 9,
2 * 1 = 2, 2 * 2 = 4, 2 * 3 = 6, 2 * 4 = 8, 2 * 5 = 10, 2 * 6 = 12, 2 * 7 = 14, 2 * 8 = 16, 2 * 9 = 18,
…略
```

当存在循环嵌套时，外层循环每进行一次，内层循环都要进行一轮完整的循环。如上例，外层 for 循环控制行，内层 for 循环控制列。当 row 为 1 时，打印第一行公式，此时需要在同一行中打印 1 * col 的所有结果。外层循环共 9 次，且每执行一次外层循环，内层循环都要完整地执行 9 次，因此总共打印出了 81 个乘法公式。

#### 2．循环的编写原则

编写循环时通常应避免死循环（无法终止的循环）。死循环会无限执行下去，如下例。

```
num = 0
while num < 0:
    num -= 1
```

但死循环并非不能出现，例如操作系统本身也是一个死循环，只要提供有终止循环的办法且逻辑允许，就可以使用死循环。

#### 3．终止整个循环（break）

关键字 break 用于终止该关键字所在的循环（while 和 for 均可），break 的循环匹配方式为匹配该关键字所在的最内层的循环。类似于在 windows 里打开 word 文档，当我们关闭 word 时，word 被关闭，但不会关闭 Windows 系统。

【例5.9】取出某个元素在序列中第一次出现的索引，若不存在则索引为 None

```
target = 9                              # 要查找的目标元素
array = (1, 3, 4, 6, 9, 0, 0, 9, 2)     # 要查找元素索引的目标元组
index = None                            # 初始索引
for i in range(len(array)):             # 使用循环遍历元组
    if array[i] == target:              # 如果有元素和 target 相等
        index = i                       # 记录该元素的索引
        break                           # 终止循环
print(index)                            # 打印结果
-------------------------------运行结果-------------------------------
4
```

### 4. 跳出本次循环（continue）

关键字 continue 用于跳出本次循环，该语句一旦执行，本次循环中尚未执行的代码不会再被执行而直接进入下一次循环，但不会终止整个循环。

【例5.10】打印列表中的所有奇数（本例无实际意义，仅用于演示 continue 原理）

```
array = [0, 1, 2, 3, 3, 2]
for num in array:
    if num % 2 == 1:                    # 如果 num 是奇数
        print(num)                      # 打印出 num
    else:                               # 如果 num 不是奇数
        continue                        # 跳出本次循环,进行下一次
        print(num)                      # 本行代码永远不会被执行
-------------------------------运行结果-------------------------------
1
3
3
```

如上例，如果 num 不是奇数，例如 num = 0 时，将会执行 else 中的代码，即执行 continue，于是解释器跳出本次循环至下一次循环，因此 continue 后的 print 永远不会被执行。所以偶数都不会被打印出来。

### 5. 循环与 else

与 if 类似，while 循环和 for 循环也可以搭配 else 使用，其原理是：如果循环被 break 终止，则不会执行 else 引导的代码块。如果循环正常结束，则执行 else 中的语句。

【例5.11】检查字符串中是否有 "！"

```
string = 'abcd,efg'
for char in string:                          # 遍历字符串
    if char == "!":                          # 如果发现！
        break                                # 终止循环
else:
    print("字符串中没有感叹号")
```
---------------------------------运行结果 -------------------------------------
字符串中没有感叹号

# 5.4　for 循环与 enumerate 对象

　　在使用 for 循环进行迭代循环时，无法知道当前循环的循环变量在序列中的索引号，需要额外使用变量来记录，而使用 enumerate 对象即可较为便捷地获取索引。

　　【例 5.12】同时打印列表元素的索引和元素

```
array = (6, 2, 4)
# 使用 index 和 entry 分别存储索引和值,使用 for 循环遍历 enumerate(a)对象
for index, entry in enumerate(array):            # 将 array 传入 enumerate 构造方法
    print(index, ": ", entry)
```
---------------------------------运行结果 -------------------------------------
```
0 :  6
1 :  2
2 :  4
```

# 5.5　列表推导式

　　列表推导式用于精简特殊列表的构造，本教程仅介绍两种最简单的方法。

## 5.5.1　if 单分支 for 循环（if 在后）

➢ list_name = [exp for data in series (if expression)]
- list_name：标识符，自定义的列表名。
- exp：表达式（即变量），单次循环要存入列表的变量（或表达式的值）。
- data：循环变量，即 for 循环中逐个取出的变量。
- series：循环序列，要处理的 data 数据来源。

- (if expression)：可缺省，在 expression 为 True 时，才会将 exp 添加进列表。

【例 5.13】构造等差列表

```
x = [num for num in range(0, 10)]          # 缺省条件判断,构造类似 range 的列表
print(x)
-------------------------------------运行结果 -------------------------------------
[0, 1, 2, 3, 4, 5, 6, 7, 8, 9]
```

【例 5.14】构造指定范围的偶数列表

```
x = [num for num in range(0, 10) if num % 2 == 0]     # 添加条件判断,构造 0-9 之间的偶数列表
print(x)
-------------------------------------运行结果 -------------------------------------
[0, 2, 4, 6, 8]
```

### 5.5.2  if – else 双分支 for 循环

➢ list_name = [exp if e1 else e2 for data in series]

- exp：表达式（即变量），单次循环要存入列表的变量（或表达式的值）。
- e1：表达式，如果 if 中 e1 表达式为 True，列表添加 exp 的值。
- e2：表达式（即变量），如果 e1 为 False，列表添加的值为 e2。
- data：循环变量，即 for 循环中逐个取出的变量。
- series：循环体，可迭代对象，要处理的 data 数据来源。

【例 5.15】构造正数标记列表

```
x = [0, 1, -1, 2, -2]
mark = [True if num > 0 else False for num in x]       # mark 用于标记 x 对应位置的数是否为正
print(mark)
-------------------------------------运行结果 -------------------------------------
[True, True, False, True, False]
```

## ▶ 5.6　习题

1. 删除字典 dic 中以 key 为键的键值对。如果该键值对不存在，则不作任何处理。

2. 打印斜三角九九乘法表，局部样式如下：

```
1 * 1 = 1
2 * 1 = 2, 2 * 2 = 4
…
```

3. 给定一个列表 a，对其进行升序排序（不得使用 sort 方法）。

4. 计算序列 1，-2，3，-4，…，100 的和。

5. 给定一个字符串 s 和字符 c，计算 c 在 s 中出现的次数。

6. 将一个给定的符合特殊格式的字符串转换为字典，该字符串存储了一系列
参数的参数名和参数值，每一个参数的参数名和参数值用" = "连接，不
同的参数之间用";"(;右侧有空格)，如字符串"name = admin; pwd = 123"
转换为{"name": "admin", "pwd": "123"}。

第**6**章

函　数

函数（function）是程序设计中的重要部分。编程过程中经常会遇见某一段代码的功能会被反复使用到的情况，这时就可以通过函数保存这部分代码，以方便对这些功能的反复使用。

## ◢ 6.1　函数的定义与调用

（1）Python 中函数的定义方式如下：

```
def func_name ([arg_1 , arg_2 , ... ]):
    block
    [return [value ]]
```

- def：函数定义的关键字，任何函数的定义都要以 def 开始。
- func_name：函数名，与 def 间有一个空格，命名方式与标识符相同，通常使用下划线命名法。函数名应该避免与已有关键字和内置函数重名，如 print。
- ([arg_1, arg_2, ... ])：设置函数可以接收的参数名（标识符），在圆括号 "()" 中设置，参数可以缺省，参数的命名方式与变量相同。"()" 后结英文冒号 ":"。
- block：函数体代码，函数调用后需要执行的代码，使用缩进标识从属关系。
- [return [value]]：返回值关键字，用于指定函数的返回值 value。Python 可以返回多个值。若编写时缺省 return，或缺省返回值 value 而保留

return，则会默认返回 None。一旦执行了 return，函数将立即终止。

（2）函数的签名（signature）：函数的签名就是函数的外壳包装，包括函数名，函数需要的参数，函数的返回值以及文档等，例如本章6.6节的注释即可作为签名。

（3）使用函数的动作被称为"调用"（call），调用格式如下。

```
[value = ]fun_name ([arg_1, arg_2, ...])
```

- 直接输入函数名，后面紧跟圆括号"()"。函数需要的参数则按顺序填到"()"中，不同的参数间用","分隔。
- 如果函数有返回值，可以用变量去接收，若函数没有返回值，则默认返回 None。
- 函数要在定义之后才能调用。
- 为了让代码更美观，函数的定义部分和它前面及后面的代码之间都应该有空行。避免连续定义大量中间没用空行分隔的函数。
- 如果函数有多个返回值，可使用分别赋值的方式去接收。

【例6.1】函数的定义与返回值的接收

```
def hello(name):                          # 定义一个有参数和返回值的函数
    return 'Hello ' + str(name)           # 功能为返回一个拼接字符串


def difference(a, b):                     # 求两个数的差
    return a - b


def test():                               # 测试一个有两个返回值的函数
    return 1, 2


s = hello('Mr Ping')                      # 调用函数,接收返回值
print(s)
a = difference(1, 3)
print('a:', a)
b = test()                                # 用一个变量接收两个返回值
x, y = test()                             # 用两个变量接收两个返回值
print('b:', b)
print('x:', x, ', y:', y)
----------------------------------运行结果----------------------------------
Hello Mr Ping
a: -2
b: (1, 2)
x:1 , y: 2
```

每一个函数定义结束后应该给出空行（PEP 要求为两个空行），这样程序的结构会更为清晰。函数 test 有两个返回值，这两个返回值会被封装成元组，可以用

与元组长度相同数量的变量去按顺序分别接收。

【例6.2】使用 return 终止函数

```
def test(a):                                   # 测试 return 对函数的终止作用
    if a % 2 == 1:                             # 如果 a 是奇数
        return                                 # 终止函数,return 后没有返回值就相当于 return None
    print(a, 'is an even number')              # 一旦执行了 return,本行代码将不会被执行


test(0)
test(1)
```
----------------------------------- 运行结果 -----------------------------------
```
0 is an even number
```

# ◤ 6.2  参数的传递与默认值

Python 函数的参数有两种传递方式:位置参数(positional argument)和关键字参数(keyword argument)。本节以函数 info 为例,演示参数的传递与默认值的使用,函数为 info (name, age, gender)的功能是拼接字符串"name: 姓名, age: 年龄, gender: 性别" 并打印。

## 6.2.1  位置参数(possitional arguments)

位置参数的传递方式即按参数定义的顺序填写到圆括号"()"中。

【例6.3】位置参数

```
def info(name, age, gender):
    print('name: ' + str(name) + ' age: ' + str(age) + ' gender: ' + str(gender))


info('平老师', 20, '男')          # 按照 name、age 和 gender 的正确顺序传入
info(20, '男', '平老师')          # 按照 age、gender 和 name 的错误顺序传入
```
----------------------------------- 运行结果 -----------------------------------
```
name: 平老师, age: 20, gender: 男
name: 20, age: 男, gender: 平老师
```

info ('平老师', 20, '男')将'平老师'传给了参数 name,20 传给了参数 age,'男'传给了 gender。而 info (20, '男', '平老师')则将 20 传给了参数 name, '男'传给了参数 age, '平老师'传给了 gender。因此在调用函数时,如果使用位置参数去传递参数,顺序必须准确。

## 6.2.2　关键字参数（keyword arguments）

使用关键字参数时要求给出参数名，以 keyword = value 的形式将传入参数。优点是对参数传入顺序没有要求。但关键字参数只能出现在位置参数之后。

**【例 6.4】** 全关键字参数

```
def info(name, age, gender):
    print('name: ' + str(name) + ' age: ' + str(age) + ' gender: ' + str(gender))

info(name = '平老师', age = 20, gender = '男')          # 使用关键字按照顺序传入参数
info(age = 20, gender = '男', name = '平老师')          # 使用关键字参数乱序传入参数
----------------------------------运行结果----------------------------------
name: 平老师, age: 20, gender: 男
name: 平老师, age: 20, gender: 男
```

**【例 6.5】** 关键字参数与位置参数混用

```
def info(name, age, gender):
    print('name: ' + str(name) + ' age: ' + str(age) + ' gender: ' + str(gender))

info('平老师', gender = '男', age = 20)          # 位置参数和关键字参数的混用
----------------------------------运行结果----------------------------------
name: 平老师, age: 20, gender: 男
```

参数混用的规则：（1）位置参数在前，且必须按照函数签名的参数顺序传入。（2）关键字参数必须在位置参数之后使用。

## 6.2.3　参数的默认值

在为函数定义参数时，使用“ = ”为参数设置默认值，且有默认值的参数必须定义在没有默认值的参数后面。按照 PEP 规范，函数定义默认值时，“ = ”两边不加空格。调用函数时，没有设置默认值的参数必须传入值。函数的默认值**不能**是可变数据类型（原因见第 8 章）。

**【例 6.6】** 参数设置默认值

```
def info(name, age=20, gender='女'):
    print('name: ' + str(name) + ' age: ' + str(age) + ' gender: ' + str(gender))

info('平老师', gender = '男')          # 用关键字设置性别, 缺省设置年龄
info('张三', 18)                       # 用位置参数设置姓名和年龄, 缺省性别
info('李四')                           # 仅通过位置参数设置姓名
```

```
-------------------------------------- 运行结果 --------------------------------------
name: 平老师, age: 20, gender: 男
name: 张三, age: 18, gender: 女
name: 李四, age: 20, gender: 女
```

### 6.2.4  函数的作用域

函数能否访问函数外定义的变量，我们做以下实验。

```
def func(b):
    print('a in func:', a)          # 在函数 func 中打印变量 a，func 内并没有变量 a
    print('b in func:', b)


a = 100                             # 在 func 外定义变量 a
b = 200                             # 在 func 外定义变量 b
func(8)                             # 调用函数 func，传入参数 8
-------------------------------------- 运行结果 --------------------------------------
a in func: 100
b in func: 8
```

虽然函数 func 中没有定义变量 a，也没有传入名称为 a 的参数，但函数可以访问到在函数外定义的变量 a。但 func 函数定义了参数 b，此时 func 不会访问到 b。此时例子中的变量 a 可以在脚本的任意位置被访问，我们称之为**全局变量**。

因此，函数可以访问到函数外定义的全局变量，那么反过来呢？我们做以下实验。

```
def func():
    a = 100                        # 在函数 func 中定义并打印变量 a
    print('a in func:', a)


func()                             # 调用 func
print(a)                           # 在 func 外访问 a
-------------------------------------- 运行结果 --------------------------------------
a in func: 100
NameError: name 'a' is not defined
```

可知从函数外部无法访问定义在函数 func 中的变量 a。函数中定义的变量在函数执行结束后会被自动删除，从函数的外面无法访问。本例中定义在 func 中的变量 a，只能在函数 func 中被访问，我们称为**局部变量**。关键字 global 可用于在局部声明全局变量，关键字 nonlocal 则用于在声明非局部变量，本教程不再具体讨论，更多内容可查看其他资料。

### 6.2.5　可变参数

可变参数（或不定项参数）用于在函数中定义数量不确定的参数，Python 提供了两种可变参数：可变位置参数和可变关键字参数。

#### 1．可变位置参数（*args）

可变位置参数在定义时，参数名称前加一个星号"*"，参数的名称要求符合标识符的命名规范，在函数内直接使用不带星号"*"的参数名即可使用。函数定义时最多只能有一个可变位置参数，且必须定义在没有默认值的参数之后。可变位置参数不能使用关键字参数模式传入。

**【例 6.7】** *args 参数原理

```
def func(v, *args):
   print('v:', v)
   print('args:', args)              # 直接使用参数名 args 访问可变位置参数

func(0, 3, 2, 1)
----------------------------------运行结果 ------------------------------------
v: 0
args: (3, 2, 1)
```

可知 func（0, 3, 2, 1）以位置参数的模式传入了 4 个整数，其中 0 对应了参数 v，其他参数则按顺序封装到了元组 args 中并传入函数。

**【例 6.8】** 关键字参数传入*args

```
def func(v, *args):
   print('v:', v)
   print('args:', args)              # 直接使用参数名 args 访问

func(0, args = (3, 2, 1))           # 使用关键字参数传入可变位置参数
----------------------------------运行结果 ------------------------------------
TypeError: func() got an unexpected keyword argument 'args'
```

程序出现 TypeError，因此*args 只能使用位置参数传入。综上，在使用可变位置参数时，必须注意不要将可变位置参数放在有默认值的参数后。同时不应该再使用没有默认值的参数。如果函数定义了有默认值的参数，则应该将有默认值的参数放在可变位置参数之后。且如果不使用这些参数的默认值，应一律使用关键字参数模式传入这些参数。我们通过下面几个例子来说明原因。

① 将可变位置参数设置在有默认值的参数后面。例如，def func（v = 0,

*args），此时无论如何我们都不可能使用到 v = 0 的默认值，如果使用 func(1, 2, 3)调用函数，此时 v = 1，因为第一个参数一定会匹配给 v。如果使用 func(args = (1, 2, 3))调用函数，程序出错，因为 *args 不能使用关键字参数传入，因此这样设置毫无意义。

② 将没有默认值的参数设置在可变位置参数前。例如，def func(a, b, c, *args)，如果使用 func(a = 1, b = 2, c = 3)调用函数，则由于 args 不能接收到任何参数，而如果使用位置参数调用 func(1, 2, 3, 4, 5)，则该函数和 def func(*args)在使用上没有任何区别，参数 a、b 和 c 的定义显得没有意义。

### 2．可变关键字参数（**kwargs）

可变位置参数在定义函数时，参数名称前加两个星号"**"，参数的名称要求符合标识符的命名规范。在函数内直接使用不带星号"**"的参数名即可使用。函数定义时最多只能有一个可变关键字参数，且必须定义在最后（可变位置参数和所有常规参数之后）。可变关键字参数必须以关键字参数的形式传入。

【例 6.9】 **kwargs 参数原理

```
def func(v = 0, **kwargs):
    print('v:', v)
    print('kwargs:', kwargs)                        # 打印传入函数的可变关键字参数

func(0, a = 1, b = 2, c = 4)                         # 使用关键字参数传入可变关键字参数
func(a = 1, b = 2, c = 4, v = 1)                     # 使用全关键字参数传入
----------------------------------运行结果----------------------------------
v: 0
kwargs: {'a': 1, 'b': 2, 'c': 4}
v: 1
kwargs: {'a': 1, 'b': 2, 'c': 4}
```

可知常规参数 v 既可以使用位置参数、又可以使用关键字参数传入。而无法与常规参数匹配的关键字参数会被传入可变关键字参数，并以字典的形式保存，这些参数的名称和值组成了这个字典的中的键值对。

### 3．可变参数的解包裹传递

除了定义函数，在调用函数时也可以使用"*"和"**"修饰参数对函数进行调用。函数对这样的参数的解包裹规则为：①使用"*"修饰可将列表或元组作为可变位置参数传入。②使用"**"修饰字典则可以作为可变关键字参数传入。

**【例6.10】** 解包裹传递

```
def info(name, age, gender):
    return '姓名:' + str(name) + ',年龄:' + str(age) + ',性别:' + str(gender)

args_1 = ("张三", 18, "男")                              # 元组：按照位置存储 info 所需全部参数
kwargs_1 = {"name": "张三", "age": 18, "gender": "男"}   # 字典：按照关键存储 info 所需全部参数
args_2 = ("张三",)                                       # 元组：按照位置存储 info 所需的第 1 个参数
kwargs_2 = {"gender": "男", 'age': 18}                   # 字典：按照关键存储 info 所需部分参数
print("info(*args_1):", info(*args_1))                  # 使用可变位置参数传入所有参数
print("info(**kwargs_1):", info(**kwargs_1))            # 使用可变关键字参数传入所有参数
print("info(*args_2, **kwargs_2):", info(*args_2, **kwargs_2))   # 同时解包裹两种可变参数
-------------------------------运行结果 -------------------------------
info(*args_1): 姓名：张三，年龄：18，性别：男
info(**kwargs_1): 姓名：张三，年龄：18，性别：男
info(*args_2, **kwargs_2): 姓名：张三，年龄：18，性别：男
```

## 6.2.6　递归

Python 支持函数的递归（recursion），即自己调用自己，递归有四条基本法则：

（1）基准情形：必须有基准情形，该情形无须递归就能解除。

（2）不断推进：每一次递归都必须在向其中一种基准情形推进。

（3）设计法则：所有的递归调用都能运行，但太深的递归会导致内存溢出。

（4）合成效益法则：切勿在不同的递归调用中做重复同一个工作。

**【例6.11】** 递归计算阶乘

```
def factorial(n):
    if n == 0:                          # 基准情形
        return 1                        # 不需要递归,可直接计算
    else:                               # 非基准情形
        return n * factorial(n - 1)     # 递归计算 n 和 n - 1 的阶乘的积

print(factorial(4))                     # 计算 4!
-------------------------------运行结果 -------------------------------
24
```

## 6.2.7　函数处理不可变数据和可变数据

Python 函数参数修改原理见第 8 章，目前只需要记住以下原则：

（1）不变数据类型（目前有整数、浮点数、布尔型、复数、字符串和 None）是形参，在函数中修改形参不会改变其在函数外的值。

（2）可变数据类型（除了上述不可变数据类型以外的所有数据类型）是实参，在函数中修改实参会改变其在函数外的值。但创建新的变量或改变数据类型等新建操作则不行。例如，修改列表内的元素等改变本列表内元素的操作可以生效。但将列表变为一个新的空列表则无效。

（3）避免将函数的默认值设置为可变数据类型。

【例6.12】修改参数

```
def func(a, b):
    a = 10                   # 在 func 中修改参数 a(int)
    b[1] = 1                 # 在 func 中修改参数 b(list)
    b.append(2)              # 在 func 中修改参数 b(list)
    print('func 内修改后的 a:', a)
    print('func 内修改后的 b:', b)


a, b = 1, [0, 0]
func(a, b)
print(' ------------------')
print('func 外修改后的 a:', a)
print('func 外修改后的 b:', b)
-------------------------------------运行结果 -------------------------------------
func 内修改后的 a: 10
func 内修改后的 b: [0, 1, 2]
-----------------
func 外修改后的 a: 1
func 外修改后的 b: [0, 1, 2]
```

【例6.13】默认值为可变数据类型

```
def func(x, a = []):         # 定义一个含有可变数据类型数据作为默认值的函数（空列表）
    a.append(x)              # 在 a 中添加参数 x
    print(a)                 # 打印列表 a


func(1)                      # 调用 func, 缺省参数 a, 传入参数 x = 1
func(2)                      # 调用 func, 缺省参数 a, 传入参数 x = 2
-------------------------------------运行结果 -------------------------------------
[1]
[1, 2]
```

本例中参数 a 的默认值是空列表，在缺省参数 a 的情况下连续两次调用函数 func，发现每一次调用 func 的时候，a 的默认值都发生了改变。因为函数第一次被调用时，默认值就会被初始化并被保存在内存中，如果不传入参数 a，将一直使用存储在内存中的那个初始列表。解决办法是将这个参数的默认值设置为 None，然后在函数内初始化这个参数的默认值。

```
def func(x, a = None):                    # 将 a 的默认值设置为 None,应该接收的是一个列表
    if a is None:
        a = []
    a.append(x)                           # 在 a 中添加参数 x
    print(a)                              # 打印列表 a
```

### 6.2.8 help 函数与文档字符串（Docstrings）

使用 help 函数可以打印并查看函数和数据类型（类）的帮助文档，该函数的实际作用即读取并返回相关的文档字符串。help 函数只接收一个参数，可以是一个类型，也可以是具体的变量（对象）和函数，常在交互模式中使用，如图 6.1 所示。

**图 6.1** IDLE 的 shell 中调用 help 函数

由于图 6.1 中的数据类型就是整型 int，因此两个 help 函数的结果完全相同，如果文档较长会被折叠，双击黄框即可展开内容。如果要查看函数文档，直接 help 函数名即可，例如 help(print) 即可查看 print 的文档。函数 help 打印的内容即该函数或类（数据类型）的字符串文档。以函数为例，构造函数的字符串文档的方式为：在函数体的第一行的一个缩进后直接使用一对三双引号（PEP 规范）写多行注释。如果使用 Pycharm 编写程序，输入一对双三引号后在中间位置回车，会自动生成标准的文档格式。

【例 6.14】定义函数 Docstrings

```
def info(name, age, gender):
    """
    拼接一个信息字符串
    :param name:str, 姓名
    :param age: int, 年龄
    :param gender:str, 性别
    :return: str, 拼接好的字符串
    """
    return '姓名:' + str(name) + ',年龄:' + str(age) + ',性别:' + str(gender)
```

## ◥ 6.3   关键字 yield

关键字 yield 用于构造一个生成器。函数中用 yield 修饰的变量会成为 for 循环时要遍历的值，可以被 for 循环取出。该变量被更新几次，就会被 for 迭代取出几次，直到函数执行结束。

【例 6.15】奇数生成器：构造一个可在 for 循环中取出所有 1 ~ num - 1 之间奇数的生成器

```
def odds(stop):
    num = 1                          # 起始奇数
    while num < stop:                # num 上限判断
        if num % 2 == 1:             # 判断 num 是否为奇数
            yield num                # 取出当前的 num
        num += 1

result = []                          # result 用于存储结果
for digit in odds(17):               # 使用 for 循环迭代遍历 odds(17)
    result.append(digit)             # 将取出的数据存放到 result 中
print(result)                        # 打印 result
------------------------------------运行结果 ------------------------------------
[1, 3, 5, 7, 9, 11, 13, 15]
```

## ◥ 6.4   关键字 pass

关键字 pass 表示什么都不干，主要用于程序结构的搭建。例如 A 和 B 合作编程，A 定义了函数签名和说明，B 的任务就是实现这些函数。

【例 6.16】使用 pass 保证函数结构的完整

```
def func1():                                              # 已完成的函数
    print('Hello World')
def func2():                                              # 尚未完成的函数
    pass
def func3():                                              # 尚未完成的函数
    pass

func1()                                                   # 测试一下 func1
------------------------------------运行结果 ------------------------------------
Hello World
```

当 B 仅完成了 `func1` 的编写并准备测试结果时，如果其他函数中不使用 `pass`，程序会因函数结构不完整而出错。**该现象在所有需要子代码块的结构中都存在，如** `if`、`while` 等。

## 6.5 参数的传递约束

### 6.5.1 关键字参数约束

在函数参数中使用"`*`"约束参数，则"`*`"之后的所有参数都"仅限使用关键字参数模式传入"，如下例函数。

```
def info(a, b, *, c, d, e):
```

函数 `info` 的第 3 个参数是一个"`*`"，表示函数 `info` 在调用时，参数 `c`、`d` 和 `e` 必须以关键字参数的形式传入，而 `a` 和 `b` 则没有限制。另外参数"`*`"的使用要符合以下规则：

（1）如果使用可变参数，"`*`"必须设置在可变关键字参数（`**kwargs`）之前。

（2）一旦使用了"`*`"约束参数传入模式，函数不能再使用可变位置参数（`*args`）。

（3）为了方便使用，"`*`"后被强制使用关键字参数传入的参数都应该设置默认值。

### 6.5.2 位置参数约束

在函数参数中使用"`/`"约束参数，则"`/`"之前的所有参数都"仅限使用位置参数模式传入"，"`/`"之前必须有被命名了的常规参数，如下例。

```
def test(a, b, /, c, d, e):
```

函数 `test` 的参数中，符号"`/`"之前的 `a` 和 `b` 必须使用位置参数形式传入，而"`/`"之后的 `c`、`d` 和 `e` 则没有限制。另外参数"`/`"的使用要符合以下规则：

（1）如果使用可变参数，"`/`"必须设置在位置可变参数之前。

（2）如果同时使用了"`*`"，那么"`/`"必须在"`*`"之前。

## ◤ 6.6 函数注释

函数注释是对函数文档的补充，本教程仅介绍最基本的使用方法，格式如下。

```
def fun_name(arg1: annot1, arg2: annot2 = value2, ...) -> return_annot:
    block
```

- annot1，annot2···：参数注释，以冒号"："标记，"："后可以直接标注类型（type 对象），也可以用一个字符串进行描述。如果要设置默认值，在注释后使用"="设置即可。从 Python 3.10 开始，该部分使用类型描述时可以使用并运算"|"表示或的关系，如 a: int | float。
- return_annot：返回值注释，以箭头"->"标记（即两个字符"-"和">"组成）。"->"后可以直接标注返回值数据类型，也可以用字符串对其进行描述。
- 按照 PEP 规范，使用了函数注释时，引号"："右侧保留一个空格，参数设置默认值时，等号"="和返回值注释"->"的两侧也保留一个空格。

【例 6.17】函数注释：a 为标量；b 为字符串，默认值"Hello"；c 默认值 0.1；d 用字符串注明为 float；返回值是 None，若返回值是 int，则使用"-> int"标注即可

```
def func(a: int | float, b: str = "Hello", c =01, d: "d is float" = .0) -> None:
    print(a, b, c, d)

func(1)
------------------------------------运行结果------------------------------------
1 Hello 0.1 0.0
```

函数注释并不强制要求书写，函数也不会自动对数据类型进行转换。该功能仅仅是为了增加程序的可读性，并不强制要求完整使用。

## ◤ 6.7 常用内置函数

常用 Python 内置函数见表 6.1，其中 next 函数涉及可迭代对象和迭代器，本教程不做讨论，仅在第 10 章 csv 模块中使用。更多内容见官方文档或其他资料。

**表 6.1**　　　　　　　　　　　Python 常用内置函数

| 函数签名 | 说明 |
|---|---|
| print(*values, sep: str = ' ', end: str = '\n') | 打印 values 中所有数据，以 sep 为分隔符，end 为结束符 |
| input(prompt = None, /) -> str | 以字符串形式接收从控制台输入的内容（以回车结束） |
| any(iterable, /) -> bool | 序列 iterable 中若有元素的布尔转换为 True，则返回 True |
| all(iterable, /) -> bool | 序列 iterable 中所有元素的布尔转换为 True 则返回 True |
| type(obj, /) -> type | 获得 obj 对象的类型 |
| isinstance(obj, class_or_tuple, /) -> bool | 判断对象 obj 是否是指定的类或其子类的实例化对象 |
| callable(obj, /) -> bool | 判断对象 obj 是否是可调用的（可调用概念见第 7 章） |
| hasattr(obj, name: str, /) -> bool | 判断对象 obj 是否拥有名称为 name 的成员（成员概念见第 7 章） |
| next(*iterable) -> object | 取出可迭代对象的迭代器当前指向的对象 |

**【例 6.18】input 示例**

```
a = input("请输入文本:")
print(a)
print(type(a))
---------------------------------运行结果---------------------------------
请输入文本:123
123
<class 'str'>
```

**【例 6.19】isinstance 示例**

```
x = 10
print(isinstance(x, int))              # 判断 x 是否是 int
print(isinstance(x, (float, bool)))    # 判断 x 是否是 float 或 bool
print(isinstance(x, int | float))      # 判断 x 是否是 int 或 float
---------------------------------运行结果---------------------------------
True
False
True
```

## 6.8 习题

1. 编写函数 sort(array: list, reverse = False)，为列表 array 进行升序排序，若 reverse 为 True，则进行降序排序。（不能使用列表的 sort 方法）

2. 编写函数 count(array: list, value) -> int，返回 value 在 array 中出现的次数，注意 value 不一定可以和 array 中的元素进行相等判断，此时应该怎么解决?

3. 分别使用递归和非递归方法编写函数 fibonacci(n: int) -> int。求斐波那契数列的第 n 项。斐波那契数列满足 $a_0 = a_1 = 1$，$a_n = a_{n-1} + a_{n-2}$ ($n \geqslant 2$)。

4. 编写函数 narcissistic_number() -> list，以列表形式返回所有水仙花数。水仙花数是一个三位数，每一位的立方的和等于该数，如 $153 = 1^3 + 5^3 + 3^3$。

5. 编写一个函数 primer_number(k: int = 100)，以列表形式返回所有不大于 k 的素数，如果 k 输入不合法，返回 None。

6. 编写函数 dict_max(dict_: dict, /)，以元组形式取出字典 dict_ 中任意一个值最大的键值对，其中 dict_是字典，且其所有键值对的值均为整数或浮点数。例如当 dict_ = {'a': 1, 'b': 4, 'c': -1}时，函数结果为('b', 4)。

## ▲ 7.1　面向对象的基本概念

目前的程序设计方法有两种，面向过程和面向对象。面向对象是目前最为流行的程序设计方法，而在此之前，面向过程被广泛采用（例如 C 语言）。面向对象采用模块化设计，程序中的模型结构也更加接近现实中的真实模型，在代码的编写、维护和复用等方面都更具有优势。C++、Java、C#、Python 都是面向对象的编程语言。对于 Python 而言，一切皆为对象。

面向对象的程序设计有三个主要特性。

（1）**封装性**：面向对象认为，个体和其具备的属性及行为是一个密不可分的整体，应该将两者封装在一个不可分割的独立单位中。同时还需要把不需要让外界知道的信息隐藏起来。

（2）**继承性**：面向对象编程的重要概念，即首先拥有反映事物一般特性的类，然后在此基础上派生出其他的类和功能。例如，汽车类可派生出轿车、越野车、货车、自卸卡车等，每一种车辆除了汽车的通用功能外，还有自己的特殊功能。

（3）**多态性**：面向对象编程的又一重要特性，指多种状态，如同样的吠叫，猫和狗的声音完全不同，通常通过方法的覆写和重载实现。

## ▲ 7.2　类和对象

类：表示一个客观世界中某类群的一些基本特征抽象，属于抽象概念的集合。

如汽车、书籍、学生等。以宠物狗为例，宠物狗都有名字、品种和宠物证件号属性（`variable`），但具体信息因人而异。另外，该类事物会进行的行为称之为方法（`method`），如所有的狗都会吠叫。

对象：表示类中的一个具体的个体，称为类的实例。例如，对于宠物狗，从属性上看，每一只宠物狗都有自己的名字、品种和宠物身份证编号。例如，泰迪小白和金毛大黄就是两只具体的宠物狗，是宠物狗类的两个对象。而从行为（方法）来看，每一只宠物狗都会吠叫，但不同的个体吠叫的音色又不尽相同，泰迪小黑和金毛小黄的叫声有明显差别。

## ▶ 7.3　类的定义

### 7.3.1　类定义的基本格式

类的定义格式如下。

```
class ClassName():
    """类文档"""
    block
```

- `class`：定义类的关键字，同 `def` 定义函数一样，定义一个类必须使用 `class` 关键字。
- `ClassName`：类名，命名规则与标识符命名规则相同，本教程建议使用驼峰命名法。
- "（）"和"："紧跟在类名之后。"（）"在不涉及继承时可以缺省。
- `block`：类体，定义类的成员，同函数，需要使用缩进区分从属关系。
- 类文档：用一对三双引号引导，同函数文档，可被 `help` 函数访问。

### 7.3.2　类的成员定义

类的成员统称为 `attribute`，包含以下两类。
- 属性（`variable`）：表明一个对象存储的属性变量，如个人的姓名，`ID` 等。
- 方法（`method`）：表明一个对象可以执行的动作，定义方式类似于函数。

注意：中文上通常也习惯将类中定义的对象（存储的变量）称之为属性，但属性和方法在解释器层面上统称为 `attribute`，在报错时要能够识别。将属性和方法封装到类中使它们成为一体,是类封装性的第一层含义。可以使用内置函数 hasattr 判断某对象是否拥有某个成员。

### 1．属性的定义与类的实例化

类的共同变量在构造方法(也称为实例化方法)__init__中定义,注意 init 前后各有两条下划线"__"。构造方法__init__并不是必须的。如果开发者没有定义,解释器会为其自动定义。而如果要为这个类定义明确的属性,则不能缺省该方法。以定义 Book 类为例,构造方法__init__定义格式如下。

```python
class Book:
    def __init__(self, title, price):        # 定义 Book 类的构造方法
        self.title = title                    # 定义属性 title(书名)
        self.price = price                    # 定义属性 price(价格)
```

构造方法的定义与函数非常相似,区别仅在于方法定义时,**第一个参数必须是关键字 self**。关于 self 的含义我们将在本节后续内容中讨论。而 self.title = title 则表示把传入构造方法的参数 title 的值作为 Book 类要构造的具体对象的 title 属性的值,price 同理。为了保持类的属性与构造方法的参数名一致性,属性名应该与传入构造方法的参数名相同。

定义了构造方法后,就可以创建一个 Book 类的对象了,创建对象的过程称为实例化(或构造实例化对象)。仅需把类的名称当作函数调用,即可调用类中定义的构造方法来实例化一个对象。但在调用的时候不需要传入 self,其他参数的使用与函数相同。

Python 使用"."表示对象和成员的从属结构,例如要访问某个对象的某个成员,可以通过"对象.属性名" 或"对象.方法名()"的方式访问、修改该对象的属性或调用方法。

【例 7.1】类的定义与属性的访问

```python
class Book:
    def __init__(self, title, price):        # 定义 Book 类的构造方法
        self.title = title                    # 定义属性 title(书名)
        self.price = price                    # 定义属性 price(价格)

book = Book('Python 程序设计', 59.9)          # 构造一个 Book 类实例化对象 book,没有传 self
print('访问 book 的属性:')
print('book.title:', book.title)              # 查看对象 book 的 title 属性
print('book.price:', book.price)              # 查看对象 book 的 price 属性
print('对 book 对象的 title 进行修改:')
book.title = 'Java 开发实战'                   # 修改对象 book 的 title 属性
```

```
print('book.title:', book.title)
```
------------------------------------运行结果------------------------------------

访问 **book** 的属性:

**book.title**: Python 程序设计

**book.price**: 59.9

对 **book** 对象的 **title** 进行修改:

**book.title**: Java 开发实战

### 2. 方法 (method)

方法的定义与构造方法类似,命名方式与函数相同,**但第一个参数必须是 self**。通过"对象.方法名([参数])"的方式调用即可。与构造方法相同,调用时不需要传入 **self**。

【例 7.2】定义方法

```
class Book:
    def __init__(self, title, price):          # 定义 Book 类的构造方法
        self.title = title                     # 定义属性 title(书名)
        self.price = price                     # 定义属性 price(价格)

    def info(self):                            # 定义 info 方法, 拼接字符串打印信息
        print('Title: ' + str(self.title) + ', Price: ' + str(self.price))

book = Book('Python 程序设计', 59.9)             # 构造一个 Book 类实例化对象 book
book.info()                                     # 调用 info 方法
```
------------------------------------运行结果------------------------------------

Title:Python 程序设计, Price:59.9

可知 **info** 中可以直接通过 **self.title** 访问对象的 **title** 属性,并完成字符串的拼接和打印。一个类中可以定义多个方法,方法中既可以访问已定义属性,也可以修改已定义的属性。但需要注意:其实在所有的方法中都可以新定义一个 __init__ 中没有定义的属性,但禁止这么做。这会使我们无法从 __init__ 方法中直接找到类的所有属性,从而导致类的结构不清晰。因此所有的属性定义都应该在 __init__ 中进行。

回顾第 3 章和第 4 章,细心的读者应该发现列表、元组、字典和集合等都是类,其中介绍的相关常用方法就是本节所说的方法,例如列表的 **append** 方法。使用 **help(list)** 查看列表文档(读者自行操作),可以观察到几乎所有的方法的签名中第一个参数都是 **self**。

既然方法和函数如此相似,为什么其名称上要进行区别呢?两者的根本区别在于:方法的使用必须依托于一个具体的实例化对象,而函数则不需要。

【例7.3】 方法与函数1

```
class Book:
    def __init__(self, title, price):          #定义 Book 类的构造方法
        self.title = title                      #定义属性 title（书名）
        self.price = price                      #定义属性 price（价格）

    def info(self):
        print('Title: ' + str(self.title) + ', Price: ' + str(self.price))

def func():                                      #定义一个没用的函数
    pass

book = Book('Python 程序设计', 59.9)            #构造一个 Book 类实例化对象 book
print('type(book.info): ', type(book.info))     #查看方法 book.info 的类型
print('type(func): ', type(func))               #查看函数 func 的类型
--------------------------------运行结果--------------------------------
type(book.info): < class 'method' >
type(func): < class 'function' >
```

由运行结果可知 book.info 是一个 method，而 func 是一个 function。而如果使用的是 Book.info() 来调用 info 结果会如何？

【例7.4】 方法与函数2

```
class Book:
    def __init__(self, title, price):          #定义 Book 类的构造方法
        self.title = title                      #定义属性 title（书名）
        self.price = price                      #定义属性 price（价格）

    def info(self):
        print('Title: ' + str(self.title) + ', Price: ' + str(self.price))
Book.info()                                      #直接通过类名 Book.info()调用 info
--------------------------------运行结果--------------------------------
TypeError: info() missing 1 required positional argument: 'self'
```

解释器会给出错误信息"缺少了一个必需的位置参数 self"，这个 self 就是指一个具体的实例化对象。

### 3. 关键字 self

在方法定义中 self 是不可缺省的参数，self 就是指调用这个方法的具体的对象。不同的对象调用同样的方法，结果可能会不同。

**【例 7.5】** self 机制实验

```
class Book:
    def __init__(self, title, price):          # 定义 Book 类的构造方法
        self.title = title                     # 定义属性 title(书名)
        self.price = price                     # 定义属性 price(价格)

    def info(self):
        print('Title: ' + str(self.title) + ', Price: ' + str(self.price))

book1 = Book('Python 程序设计', 59.9)          # 构造一个 Book 对象 book1
book2 = Book('Java 开发实战', 89.8)            # 构造一个 Book 对象 book2
book1.info()                                   # book1 调用 info 方法
book2.info()                                   # book2 调用 info 方法
print(' -----------------------------')
Book.info(book1)                               # 强行使用 Book.info,将 book1 作为 self 参数传入
Book.info(book2)                               # 强行使用 Book.info,将 book2 作为 self 参数传入
--------------------------------运行结果-------------------------------------
Title:Python 程序设计, Price:59.9
Title:Java 开发实战, Price:89.8
-----------------------------
Title:Python 程序设计, Price:59.9
Title:Java 开发实战, Price:89.8
```

代码的解释如下。

(1) book1 = Book('Python 程序设计', 59.9):这条语句调用了 Book 类中的__init__(self, title, price) 方法,其中解释器会自动将 book1 作为 self 传入__init__,然后__init__将 book1 的 title 属性设置为'Python 程序设计',而 price 属性设置为 59.9。回到 Book 中的__init__方法内,此时相当于所有的 self 换成了 book1。同理构造 book2 时也是这样的过程。

(2) 对于 book1.info()和 book2.info()两个语句,在调用 Book.info(self) 时,如果是 book1 调用,则直接把 book1 作为 self 传入 Book.info(self),此时填充得到的字符串是'Title: Python 程序设计, Price: 59.9',因为此时 Book.info(self) 中的 self 就是 book1。book2 调用时同理。

(3) Book.info(book1) 和 Book.info(book2),就是用了"类名.方法名([参数])"的形式调用了 info 方法,将 book1 和 book2 对象强行以位置参数的形式传入 Book.info()中,表示方法中的 self 就是 book1 和 book2,此时方法可正常调用。

### 4. 静态方法(static method)

在类中也可以定义静态方法,静态方法不需要依托具体的实例化对象,在定义

的时候不需要关键字 self 作为第一个参数，且静态方法的方法体中也不能出现关键字 self。其调用方式既可以是"类名.方法名（[参数]）"，也可以是"对象.方法名（[参数]）"。

【例7.6】静态方法（无 self）

```
class Hello:                                    # 定义一个 Hello 类
    @staticmethod                               # 静态方法装饰器
    def say_hello(content):                     # 定义静态方法
        print('Hello', content)                 # 打印一个拼接的字符串

hello = Hello()                                 # 构造一个 Hello 的实例化对象 hello
hello.say_hello('Python')                       # 使用对象 hello 调用 say_hello
Hello.say_hello('Java')                         # 使用类名直接调用 say_hello
-------------------------------------运行结果-------------------------------------
Hello Python
Hello Java
```

方法 say_hello 既可以直接通过类名直接调用，也能通过 Hello 的实例化对象 hello 调用。语句"@staticmethod"是一个静态方法装饰器，该语句书写在 say_hello()方法上方并与关键字 def 对齐，用于将该方法转换为静态方法。

### 7.3.3  成员的私有化

通常我们需要把类的一些属性隐藏起来，也叫私有化封装（简称私有化），不让这些属性暴露给外界，即不能通过"."直接访问属性，以此来保护这些成员不会被随意篡改。另外，对于一些有风险的方法，同样需要进行私有化以防止被外界直接调用。

#### 1．私有化的意义

封装性的第二层意义即通过私有化保证数据的安全性，面向对象编程通常要求所有的属性都必须私有化。

【例7.7】暴露属性的风险

```
class Book:
    def __init__(self, title, price):           # 定义 Book 类的构造方法
        self.title = title                      # 定义属性 title（书名）
        self.price = price                      # 定义属性 price（价格）
    def info(self):
        print('Title: ' + str (self.title) + ', Price: ' + str (self.price))

book = Book ('Python 程序设计', 59.9)            # 构造一个 Book 对象 book1
```

```
book.price = -10                              # 将这本书的价格修改为 -10
book.info()                                   # 打印书本信息
---------------------------------运行结果-------------------------------------
Title: Python 程序设计, Price: -10
```

本例将一本书的价格修改成了负数，该操作在语法上没有任何错误，因此可以被正常执行，但代码存在严重的逻辑错误。

### 2. 私有化封装

无论是方法还是属性，定义时在方法名和属性名前添加两个下划线，如__title，即可完成对成员 title 的私有化。此时__title 就是属性名，而不再是 title。

【例 7.8】成员的私有化封装

```
class Book:
    def __init__(self, title, price):        # 定义 Book 类的构造方法
        self.__title = title                 # 定义私有属性__title（书名）
        self.__price = price                 # 定义私有属性__price（价格）

    def info(self):                          # 注意 info 中访问属性时不要遗漏"__"
        print('Title: ' + str(self.__title) + ', Price: ' + str(self.__price))
        self.__type()                        # 在 info 内调用私有方法__type

    def __type(self):                        # 定义私有方法__type
        print(' < class Book > ')            # 打印一个类型字符串

book = Book('Python 程序设计', 59.9)          # 构造一个 Book 对象 book
book.info()                                  # 打印书本信息
print(book.__title)                          # 从外界直接访问私有属性
book.__type()                                # 从外界直接调用私有方法
---------------------------------运行结果-------------------------------------
Title:Python 程序设计, Price:59.9
< class Book >
AttributeError: 'Book' object has no attribute '__title'
AttributeError: 'Book' object has no attribute '__type'
```

方法 info 是 Book 类的内部成员，因此在 info 中通过 self.__title 和 self.__price 访问两个私有化的属性是可行的。而且在类的内部也可以通过 self.__type()调用该私有化方法。但在对象的外部则不可以，此时顺利完成了对属性以及方法的私有化封装。

### 3. setter 和 getter 方法

私有化保证了属性的安全性，但也阻止了对属性的正常访问和修改。但类中定

义的方法可以访问私有属性，且可以添加逻辑。例如，修改价格时，先判断价格是否正确，然后再决定是否修改。而要读取某个属性时，通过类的方法将该属性 `return` 即可。这样的模式就称之为 setter 方法和 getter 方法，方式如下。

```python
def get_attr(self):
    return self.attr


def set_attr(self, attr):
    self.__attr = attr
```

其中，attr 是属性的名称。例如：属性__price 的 setter 方法名称即 "set_price"，同理对应的 getter 方法即 "get_price"。

【例 7.9】setter 和 getter 方法

```python
class Book:
    def __init__(self, title, price):          # 定义 Book 类的构造方法
        self.__title = title                    # 定义私有属性__title(书名)
        self.__price = price                    # 定义私有属性__price(价格)

    def info(self):                             # 定义 info 方法
        print('Title: ' + str(self.__title) + ', Price: ' + str(self.__price))

    def set_title(self, title):                 # 定义 title 的 setter 方法
        self.__title = title

    def get_title(self):                        # 定义 title 的 getter 方法
        return self.__title

    def set_price(self, price):                 # 定义 price 的 setter 方法
        if price >= 0:                          # 添加数值大小判断
            self.__price = price

    def get_price(self):                        # 定义 price 的 getter 方法
        return self.__price


book = Book('Python 程序设计', 59.9)            # 构造一个 Book 对象 book
book.info()                                     # 打印书本信息
book.set_price(-10)                             # 非法修改 price
book.info()                                     # 打印书本信息
book.set_price(99.8)                            # 合法修改
book.info()                                     # 打印书本信息
print('book.get_price():', book.get_price())    # 使用 getter 方法读取 price
```

----------------------------------运行结果----------------------------------

```
Title:Python 程序设计, Price:59.9              # 刚构造好的 book 对象
Title:Python 程序设计, Price:59.9              # 非法修改后的 book 对象
Title:Python 程序设计, Price:99.8              # 合法修改后的 book 对象
book.get_price(): 99.8                          # 使用 getter 方法能够读取 price
```

本例代码依然存在风险。例如在构造 book 对象时，使用 book = Book('Python', -59.9)依然可以实例化一个错误的对象，因此在构造方法__init__中也需要使用 setter 方法定义属性，如〖例 7.10〗中的__init__。

### 7.3.4 property 属性

Python 提供了 property 属性来简化私有化属性的使用。可使用 property 装饰器或 property 对象实现，本教程仅介绍 property 对象：定义 setter 和 getter 方法后，用这两个方法构造 property 属性对象即可。之后无论在类的内部还是外部，都可以使用 property 属性访问和修改属性，构造方法如下。

➤ property(fget = None, fset = None, fdel = None, doc = None)
- fget：调用 getter 方法时需要执行的方法名（即 method 对象）。
- fset：调用 setter 方法时需要执行的方法名（即 method 对象）。
- fdel：使用 del 指令时的操作方法（即 method 对象）本教程不讨论。
- doc：str，用于描述装饰器（help），本教程不讨论。
- return：构造好的 property 对象。

【例 7.10】使用 property 封装

```python
class Book:
    def __init__(self, title, price):          # 定义 Book 类的构造方法
        self.__title = None                     # 初始化私有属性__title(书名)
        self.__price = None                     # 初始化私有属性__price(价格)
        self.title = title                      # 使用 property 装饰器设置__title
        self.price = price                      # 使用 property 装饰器设置__price

    def info(self):                             # 注意 info 中访问属性时不要遗漏"__"
        print('Title: ' + str(self.__title) + ', Price: ' + str(self.__price))

    def set_title(self, title):                 # 定义 title 的 setter 方法
        self.__title = title

    def get_title(self):                        # 定义 title 的 getter 方法
        return self.__title

    def set_price(self, price):                 # 定义 price 的 setter 方法
        if price >= 0:                          # 添加数值大小判断
            self.__price = price

    def get_price(self):                        # 定义 price 的 getter 方法
```

```
        return self.__price
    #定义 property 类对象,注意需要定义在 setter 和 getter 方法之后
    title = property(get_title, set_title)              #构造 title 的 property 装饰器
    price = property(get_price, set_price)              #构造 price 的 property 装饰器

book = Book('Python 程序设计', 59.9)                     #构造一个 Book 对象 book
book.info()                                            #打印信息
book.price = -10                                       #使用装饰器进行一次错误修改
book.info()                                            #打印信息
book.price = 99.8                                      #使用装饰器进行一次正确修改
book.info()                                            #打印信息
print('book.price:', book.price)                       #使用装饰器获取价格
---------------------------------运行结果---------------------------------
Title:Python 程序设计, Price:59.9                        #刚构造好的 book 对象
Title:Python 程序设计, Price:59.9                        #非法修改后的 book 对象
Title:Python 程序设计, Price:99.8                        #合法修改后的 book 对象
book.price: 99.8                                       #使用装饰器能够读取 price
```

注意: (1) 不要对未私有化的属性设置 property 属性。(2) 不要在 setter 和 getter 方法内直接使用 property 访问对象属性, 这会导致该方法被无限递归调用。

## ▲ 7.4　匿名对象

匿名对象就是没有标识符的对象。例如, 在 print ("Hello") 中,"Hello" 就是一个匿名字符串对象。匿名对象也可以调用方法,例如, ', '. join (['a', 'b'])。

## ▲ 7.5　字符串进阶

### 7.5.1　字符串常用方法

字符串部分常用方法见表 7.1, 本教程仅介绍该方法的基本使用, 方法签名中的参数并不完整。**其中所有涉及修改字符串内容的方法都是新建一个修改后的字符串并返回, 原字符串不会发生改变。**更多内容可通过 help(str)查看官方文档。

**Python**
程序设计、仿真与数据可视化基础

表 7.1 字符串部分常用方法

| 方法签名（含返回值数据类型） | 说明 |
|---|---|
| str.lstrip() -> str | 删除字符串左侧的所有连续的空白字符（含空格、换行等） |
| str.rstrip() -> str | 删除字符串右侧的所有连续的空白字符（含空格、换行等） |
| str.strip() -> str | 删除字符串左右两侧的所有连续的空白字符（含空格、换行等） |
| str.index(sub, start = 0, end = -1) -> int | 查找子串 sub 在原字符串 [start:end] 位置中首次出现的索引位置 |
| str.isdigit() -> bool | 判断字符串内容是否是全数字，若是则返回 True |
| str.islower() -> bool | 判断字符串中的字母是否都是小写字母，若是则返回 True |
| str.isupper() -> bool | 判断字符串中的字母是否都是大写字母，若是则返回 True |
| str.upper() -> bool | 将字符串中的所有小写字母更改为对应的大写字母 |
| str.lower() -> bool | 将字符串中的所有大写字母更改为对应的小写字母 |
| str.split(sep = None) -> list | 根据分隔符 sep 分割原字符串，结果为列表（元素为字符串） |
| str.join(iterable, /) -> str | 把原字符串作为分隔符连接序列中的元素（必须是字符串）成一个字符串 |
| str.replace(old, new, count = -1, /) -> str | 将字符串子串 old 替换为 new，count 为替换数量，-1 即全部替换 |

## 【例 7.11】字符串常用方法示例

```
x = "  apple, bear, cat "          # 构造字符串,左侧为两个空格
y = x.strip()                      # 去除两侧的字符串
print(1, y)                        # 可知除了左右两侧连续的空白字符,其他空白字符不会被删除
print(2, x.index('a'))             # 查看子串'a'首次出现的索引
print(3, x.islower())              # 判断 x 中的字符是否都是小写
z = y.split(', ')                  # 将 y 按照分隔符', '分割
print(4, z)
print(5, '-'.join(z))              # 将'-'作为分隔符连接 z
print(6, y.replace('a', 'A'))      # 将所有 a 替换为 A
print(7, x)                        # 原字符串始终不变
-------------------------------------运行结果 -------------------------------------
1 apple, bear, cat
2 2
3 True
4 ['apple', 'bear', 'cat']
```

```
5 apple - bear - cat
6 Apple, beAr, cAt
7  apple, bear, cat
```

### 7.5.2　格式化字符串

#### 1. 使用"%"构造格式化字符串

本教程仅介绍最简单的"%"格式化使用方法，该方法需要使用占位符，作用是将数据按照指定的格式填写到占位符所在的位置，常用占位符如表 7.2 所示。

表 7.2　　　　　　　　　　表常用占位符表

| 序号 | 占位符 | 说明 | 示例 | 数据格式的转换 |
|---|---|---|---|---|
| 1 | %d | 十进制整数 | %d | 1 -> '1' |
| 2 | %e 或%E | 科学计数法（使用 e 或 E 分隔指数),%.ng 表示使用科学计数法描述时，保留 n 位小数（四舍五入） | %.2e | 2239 -> '2.2e+03' |
| 3 | %s | 字符串 | %s | True -> 'True' |
| 4 | %f | 浮点型,%.nf 表示保留 n 位小数（四舍五入） | %.2f | 12.149 -> '12.15' |
| 5 | %o | 八进制整数 | %o | 9 -> '11' |
| 6 | %x 或%X | 十六进制整数,%x 使用小写字母,%X 则使用大写字母 | %x | 10 -> 'a' |

➢ 基本格式：format_string % (value1, value2, …)
- 功能：将"%"右侧元组中的元素按照顺序填入格式化字符串 format_string 中。
- format_string 是一个含有占位符的格式化字符串。
- 占位符表示该位置要以特殊的格式填入数据。
- 占位符的数量与元组长度相同，如果只有一个占位符，对象可以不存储在元组中。

【例 7.12】"%"构造格式化字符串

```
name = '平老师'
score = 90.56
# 使用 % 构造格式化字符串完成填空
text = '张三说："%s 的课我考了%.1f 分。"' % (name, score)
print(text)
-------------------------------运行结果-------------------------------
张三说："平老师的课我考了90.6 分。"
```

如果要在格式化字符串里显示百分号"%"，使用两个百分号"%%"。

## 2. f - 字符串

(1) f - 字符串基本使用。

与 r - 字符串构造相同，在引号前添加字母 "f" 即可构造 f - 字符串。使用花括号 "{}" 取代占位符，花括号内填写要填入该位置的对象。Python 会将该对象转换为字符串并填入该位置，并返回一个构造好的格式化字符串。"{}" 中可以使用已定义的对象标识符、匿名对象和表达式，甚至可以在 "{}" 中调用函数。

注意字符串定义时可以同时添加 rf 或 fr 前缀以同时具备 r - 字符串和 f - 字符串的功能。

【例 7.13】f - 字符串基本使用

```
name = '平老师'
score = 90.56
# 使用 f 前缀 构造格式化字符串完成填空
text = f'张三说:"{name}的课我考了{score}分。"'
print(text)
```
------------------------------------运行结果------------------------------------
张三说:"平老师的课我考了 90.56 分。"

如果格式化字符串中需要显示 "{}"，使用两个花括号即可，例如 "{{" 表示 "{"，而 "}}" 表示 "}"。

【例 7.14】f - 字符串中打印 "{}"

```
name = '平老师'
score = 90.56
# {{{name}}}头两个{{被转义为{,后两个}}转义为},最内层的{}用于占位
text = f'张三说:"{{{name}}}的课我考了{{{score}}}分。"'
print(text)
```
------------------------------------运行结果------------------------------------
张三说:"{平老师}的课我考了{90.56}分。"

【例 7.15】rf - 字符串

```
disk = "D"
path = rf"{disk}:\test.py"
print(path)
```
------------------------------------运行结果------------------------------------
D:\test.py

(2) f - 字符串的格式设置。

f - 字符串支持设置填入对象的字符串格式。需要在花括号 "{}" 中设置，格式如下。

{对象:格式化规则}

英文冒号":"的左侧为要填入的对象,右侧为格式化规则,用于设置生成的格式化字符串的格式,":"两侧没有空格。格式化规则的书写格式如下。

`[[fill]align][sign][#][0][width][,][precision][type]`

每一个方括号"[]"表示一项格式元素,书写时并不保留方括号,且可以缺省,但其相对顺序不能改变,例如`[width][type]`即只设置 width 和 type,但不能写为`[type][width]`。

格式描述字符串完整使用较为复杂,部分格式元素存在排他性,即不能和其他元素共用。

格式描述字符串各元素作用如下。

- `[[fill]align]`:设置对齐方式和填充字符。
  - `fill`:可选,设置空白位置的填充字符,可以使用除"{"和"}"以外的任意字符,默认空格。`fill` 不能单独设置,必须配合 `align` 使用。
  - `align`:对齐方式,可取{ <, >, ^, = }。其中" < "为左对齐(默认)," > "为右对齐,"^"表示居中对齐," = "表示将填充字符填充到符号和数字之间(仅对数字有效)。
- `[sign]`:设置符号位格式,仅对数字有效,可取值有{ +, -, 空格}。其中" + "表示所有数字均带符号(包括正数和负数,0 的符号为 +)," - "表示仅负数带负号,空格表示正数和 0 前的符号为一个空格,负数依然是" - "。
- `[#]`:仅对整数和浮点数有效,进制自动转换,自动在二进制、八进制、十六进制(字母小写)和十六进制(字母大写)数前依次标记为"0b"、"0o"、"0x"和"0X"。要求 `[type]` 是某种进制的整数或科学计数法 e(E)或 g(G)。
- `[0]`:仅对整数和浮点数有效,通常格式为 `[0][width][.prcision][type]`,表示当字符串中字符数量不足`[width]`时,在左侧补 0。
- `[width]`:正整数,表示用至少 width 个字符描述对象。
- `[.precision]`:精度,仅对整数和浮点数有效,建议保留`[type]`并设置为 f,保留的小数位数(会进行四舍五入)。
- `[type]`:类型格式标识符型,将对象以指定的类型格式进行转换,常用标识符有:
  - `d`:十进制整数。
  - `f`:浮点数,通常配合`[.precision]`使用,如".2f"表示保留两位小数（小数位第 3 位被四舍五入）。

- s：字符串，填入对象的字符串转换结果，对任意类型的对象均有效。
- b：二进制整数。
- o：八进制整数。
- x：十六进制整数，使用 a - f 表示十六进制数位上的 10 - 15。
- X：同 x，区别在于使用大写字母 A - F。
- e：使用 e 表示的浮点数（科学计数法），通常配合[.precision]使用，如 125 经过 ".2e" 格式化后为 "1.25e +02"。
- E：同 e，但使用大写字母 E。
- g：科学计数法，如果不设置[.precision]，在整数数位超过 6 位时等同于 e，否则不使用科学计数法。例如格式设置为 "g"，则 12 的格式化结果为 "12"，而 1234567 的格式化结果为 "1.23457e +06"。设置[.precision]表示最多使用 prcision 个数字构造科学计数法表示的数字，如格式化描述为 ".2g"，则 123 的格式化结果为 " 1.2e +02"。
- G：同 g，区别在于使用科学计数法时，字母使用大写字母 E。
- %：仅对整数和浮点数有效，格式化为百分比数值，此时[.precision]表示格式化为百分比后保留的小数位数。

**【例 7.16】** 最常用的数值格式化方法（[.precision][type]）

```
name = '平老师'
score = 90.56
rank = 0.9134
# 填入字符串，保留一位小数的浮点数和百分比
text = f'张三说:"{name}的课我考了{score:.1f}分,超过了{rank:.1% }的同学。"'
print(text)
------------------------------------ 运行结果 ------------------------------------
张三说:"平老师的课我考了 90.6 分,超过了 91.3% 的同学。"
```

**【例 7.17】** 整数前向补 0（[0][width]d）与对齐方式（[[fill]align]）

```
print(1, f"{12:04d}")                    # 格式为[0][width][type]
print(2, f"{ -12:x =5d}")                # 格式为[[fill]align][width][type]
print(3, f"{'abc': <5s}")                # 格式为[align][width][type],下同
print(4, f"{'abc':^5s}")
print(5, f"{'abc': >5s}")
------------------------------------ 运行结果 ------------------------------------
1 0012
2 - xx12
3 abc
4  abc
5   abc
```

**【例 7.18】** 进制描述（#）

```
x = 17                                                    # 十进制整数
print(f"二进制:{x:#b}")
print(f"八进制:{x:#o}")
print(f"小写十六进制:{x:#x},大写十六进制:{x:#X}")
-----------------------------------运行结果-----------------------------------
二进制:0b10001
八进制:0o21
小写十六进制:0x11,大写十六进制:0X11
```

### 3. 字符串的 format 方法

我们可以使用字符串的 format 方法根据已有字符串生成格式化字符串，该字符串的书写规则与 f 字符串相同，使用"{}"占位（但可以填入对象标识符），也可以使用 f - 字符串中的格式化规则，format 方法签名如下。

➢ str.format (*args, **kwargs)

- *args：使用可变位置参数 args 按顺序把变量填入 format_string 的 "{}"中。亦可以在"{}"中指定要填入的数据在 args 中的正索引。
- **kwargs：如果 format string 中的花括号填入了标识符，那么使用 kwargs 传入要填充的内容。
- return：str，填入了数据的新字符串。

我们通过两个例子进行学习。以构造格式化字符串"name: {name}, age: {age}, salary: {salary}"为例，其中 salary 保留两位小数。

**【例 7.19】** 顺序填充

```
# 使用*args 按顺序传入数据
name = '张三'
age = 18
salary = 999.9
f_s = "name: {}, age: {}, salary: {:.2f}".format(name, age, salary)
print(f_s)
-----------------------------------运行结果-----------------------------------
name: 张三, age: 18, salary: 999.90
```

**【例 7.20】** args 索引编号填充

```
# 使用*args 乱序传入数据,{}中填入数据序号索引实现顺序调整
name = '张三'
age = 18
salary = 999.9
f_s = "name: {1}, age: {0}, salary: {2:.2f}".format(age, name, salary)
print(f_s)
-----------------------------------运行结果-----------------------------------
name: 张三, age: 18, salary: 999.90
```

**【例 7.21】** kwargs 关键字填充

```
# 使用**kwargs 乱序传入数据,{}中填入关键字参数名实现位置匹配
name = '张三'
age = 18
salary = 999.9
f_s = "name: {a} , age: {b} , salary: {c:.2f}".format(a = name, b = age, c = salary)
print(f_s)
----------------------------------运行结果------------------------------------
name: 张三, age: 18, salary: 999.90
```

## 7.6  继承

通过继承,程序的模块化设计可以减少代码的冗余。

### 7.6.1  继承的实现与派生

继承需要在类定义时设置,方式如下。

```
class ClassName(Base):
    """类文档"""
    block
```

在圆括号中写入基类(也称父类)的名称(type),此时 ClassName 就是一个继承自 Base 的派生类(也称为子类),派生类将拥有基类的所有成员。另外继承可以传递,如果 C 继承自 B,而 B 继承自 A,则 C 同时拥有了 A 类和 B 类的所有共性。如果省略了圆括号 "()" 和基类,相当于定义了一个 object 类的派生类。

**【例 7.22】** 继承 (1)

```
class Mammal:
    def __init__(self, name):
        self.name = name

    def info(self):
        print(f'{self.name}是某种哺乳动物')

    def bark(self):
        print(f'{self.name}的叫声是未知的')

class Bat(Mammal):                              # Bat 类继承自 Mammal
```

```
    pass                                    # 类体不定义任何信息

mammal = Mammal('张三')                     # 实例化一个叫张三的哺乳动物
bat = Bat('李四')                           # 实例化一个叫李四的蝙蝠
mammal.bark()                              # 哺乳动物张三调用 bark 方法
bat.bark()                                # 蝙蝠李四调用 bark 方法
```

--------------------------------- 运行结果 ---------------------------------
张三的叫声是未知的
李四的叫声是未知的

Bat 类继承自 Mammal 类，且 Bat 的类体中只有一个 pass，没有添加任何内容，但 Bat 拥有 Mammal 类所拥有的一切成员，包括属性 name 和方法 bark。但继承不仅仅是复制已有的共性。例如 Bat 具有飞行能力，即新的方法，因此可以做如下修改。

【例 7.23】继承（2）

```
# 此处省略了〖例 7.22〗中 Mammal 类的定
class Bat(Mammal):                          # 定义一个蝙蝠 Bat 类
    def fly(self):                          # 为蝙蝠 Bat 定义一个 Mammal 没有的能力
        print(f'{self.name}起飞了！')

mammal = Mammal('张三')                     # 实例化一个叫张三的哺乳动物
bat = Bat('李四')                           # 实例化一个叫李四的蝙蝠
bat.fly()                                 # bat 李四调用 fly 方法
mammal.fly()                              # mammal 张三调用 fly 方法
```

--------------------------------- 运行结果 ---------------------------------
李四起飞了！
AttributeError: 'Mammal' object has no attribute 'fly'

可知继承可以实现类的升级。基类和派生类也可以相互转换，向基类转换没有风险，而向派生类转换有风险。从逻辑角度看，蝙蝠是哺乳动物，但哺乳动物不一定是蝙蝠。

【例 7.24】基类与派生类相互转型

```
# 此处省略〖例 7.22〗中 Mammal 类的定义和〖例 7.23〗中 Bat 的定义，请自行添加
mammal = Mammal('张三')                                    # 实例化一个叫张三的哺乳动物
bat = Bat('李四')                                          # 实例化一个叫李四的蝙蝠
print('bat 对象是不是 Mammal 类？', isinstance(bat, Mammal))
print('mammal 对象是不是 Bat 类？', isinstance(mammal, Bat))
```

--------------------------------- 运行结果 ---------------------------------
bat 对象是不是 Mammal 类？ True
mammal 对象是不是 Bat 类？ False

如本例所示，isinstance 认定 bat 李四就是 Mammal 类对象。但 mammal 张三

不是 Bat 类对象。从程序逻辑上看，判断 bat 是不是 Mammal 类，可能是要使用 Mammal 类的成员。而这些成员被 Bat 类完整地继承了下来。但是，如果判断 mammal 是不是 Bat 类，有可能要使用 Bat 类独有的 fly 方法，而 mammal 没有 fly 方法，会出现 AttributeError。

### 7.6.2 方法的覆写

虽然 Bat 可以继承 Mammal 的所有成员，并派生新的方法，但依然存在问题。例如，哺乳动物确实种类繁多，叫声也各不相同，解决这个问题需要用到方法的覆写。

【例 7.25】方法的覆写

```python
# 此处省略了〖例 7.22〗中 Mammal 类的定义，请自行添加
class Bat(Mammal):                          # 定义一个蝙蝠 Bat 类
    def fly(self):                          # 为蝙蝠 Bat 定义一个 Mammal 没有的能力
        print(f'{self.name}起飞了! ')

    def bark(self):                         # 覆写 bark 方法
        print(f'{self.name}的叫声是"吱吱吱"')

mammal = Mammal('张三')                      # 实例化一个叫张三的哺乳动物
bat = Bat('李四')                            # 实例化一个叫李四的蝙蝠
mammal.bark()                               # mammal 调用 bark 方法
bat.bark()                                  # bat 调用 bark 方法
----------------------------------- 运行结果 -----------------------------------
张三的叫声是未知的
李四的叫声是"吱吱吱"
```

在 Bat 类中重新定义 bark 方法即可覆写基类的 bark 方法。但覆写方法时不要修改 Mammal 中 bark 方法的参数。覆写后便可以实现 Bat 和 Mammal 具有签名相同，但内容不同的 bark 方法，这也是多态的一种表现形式。当基类中有大量的方法和属性，而派生类中只有少部分方法需要进行覆写，或仅需新增少量属性时，继承就可以大幅减少代码冗余。

### 7.6.3 使用基类的__init__方法

如果要在 Bat 类中增加新的属性，可以在 Bat 类的__init__中新增，如下：

```python
class Bat(Mammal):                          # 定义一个蝙蝠 Bat 类,增加一个翅膀属性
    def __init__(self, name, wings):
        self.name = name
        self.wings = wings
```

但这样的定义有代码冗余的问题，我们可以在 Bat 类的\_\_init\_\_中调用基类的构造方法，然后再扩展新的属性以减少冗余。在派生类的\_\_init\_\_方法中调用基类的构造方法格式为"Base.\_\_init\_\_ (self[, 参数])"，注意此时 self 不能缺省，必须传入。

**【例 7.26】** 派生类使用基类的构造方法

```
# 此处省略了《例7.22》中 Mammal 类的定义，请自行添加
class Bat(Mammal):                          # 定义一个蝙蝠 Bat 类
    def __init__(self, name, wings):        # 定义新的 Bat 构造方法
        Mammal.__init__(self, name)         # 调用 Mammal 的构造方法，self 不能缺省
        self.wings = wings                  # 扩展新的属性 wings

    def fly(self):                          # 为蝙蝠 Bat 定义一个 Mammal 没有的能力
        print(f' {self.name} 起飞了! ')

    def bark(self):                         # 覆写 bark 方法
        print(f' {self.name} 的叫声是" 吱吱吱" ')


mammal = Mammal ('张三')                     # 实例化一个叫张三的哺乳动物
bat = Bat('李四', '翅膀')                    # 实例化一个叫李四的蝙蝠
print(bat.name)                             # 访问 bat 的 name 属性
print(bat.wings)                            # 访问 bat 的 wings 属性
print(mammal.wings)                         # 访问 mammal 的 wings 属性
-------------------------------运行结果-------------------------------
李四
翅膀
AttributeError: 'Mammal' object has no attribute 'wings'
```

## 7.6.4  多重继承

Python 支持多重继承，只需要在类的定义时设置多个基类即可，格式为：

```
class ClassName(Base1, Base2, …, BaseN):
    """类文档"""
    block
```

这样就可以让 ClassName 同时具有 Base1, Base2, …, BaseN 的特性。

图 7.1  多重继承示例

**【例 7.27】** 如图 7.1 所示，一个"优秀"的程序员应该掌握手机修理、电脑修理和手机贴膜三项技能。本例中的方法实际是静态方法，添加 self 仅为演示方便，没有任何意义。

```
class CellR:                              # 修手机技能类
    def repair(self):                     # 方法修手机
        print('修手机')

class ComR:                               # 修电脑技能类
    def repair(self):                     # 方法修电脑
        print('修电脑')

class ASP:                                # 手机贴膜技能类
    def apply_screen_protector(self):     # 方法手机贴膜
        print('手机贴膜')

class Programmer(CellR, ComR, ASP):       # 掌握三种技能的优秀程序员类
    def if_repair_phone(self, mark):      # 方法修理手机
        if mark:                          # 如果是要修手机
            CellR.repair(self)            # 则使用 CellR 中的 repair 方法
        else:                             # 否则
            ComR.repair(self)             # 使用 ComR 中的 repair 方法，即修电脑

op = Programmer()                         # 构造一个 op 对象
op.repair()                              # 调用存在重名的基类方法
op.if_repair_phone(True)                 # 调用 CellR 的 repair 方法
op.if_repair_phone(False)                # 调用 ComP 的 repair 方法
op.apply_screen_protector()              # 调用 apply_screen_protector
------------------------------运行结果------------------------------
修手机                                    # op.repair()
修手机                                    # op.if_repair_phone(True)
修电脑                                    # op.if_repair_phone(True)
手机贴膜
```

Programmer 类从 CellR 和 ComR 中继承了重名的 repair 方法，如何选择使用哪一种方法，可在 if_repair_phone (mark) 中根据 mark 标识，使用"基类.repair(self)"调用即可。注意不能缺少 self，而如果 repair 是一个静态方法，则可以不传 self。

## 7.7 魔法方法与运算符的重载

运算符的重载就是变更某些类型数据之间的运算规则，例如标量和矩阵都有加

减乘三种运算，但方式不同。对于运算 A ∗ B，当 A 和 B 都是标量时，按标量运算进行。但当 A 和 B 都是矩阵时则按矩阵运算规则运算。运算符的重载需要覆写类中特定的魔法方法。

## 7.7.1　魔法方法

Python 中所有的运算都是在调用对应的类的相关方法。以整型 int 为例，使用 help(int)查看 int 类的文档，如图 7.2 所示，会发现大量以双下划线 "__"开头和结尾的方法，这些方法就是该类的特殊方法，也叫魔法方法。魔法方法都是从 object 中继承来的，即所有的类都继承了这些方法。其中__add__就是加法运算，也就是加法运算符 " + " 对整型数据的运算规则。覆写相关的魔法方法，就可以重载特定的运算符。例如，__le__对应 " <= "，__gt__对应 " > "等。本教程仅选取部分内容演示，更多可查看文档并自行实验。

```
__abs__(self, /)
    abs(self)

__add__(self, value, /)
    Return self+value.

__and__(self, value, /)
    Return self&value.
```

图 7.2　help(int)显示的文档局部

## 7.7.2　重载运算符 " == "

重载 " == " 运算符需要覆写__eq__方法。在进行重载以前，我们先看一个例子，实现一个 Book 类，该类有书名 title 和国际标准书号 isbn 两个属性。

【例 7.28】自定义类的 " == " 判断

```
class Book:
    def __init__(self, title, isbn):       # Book 的构造方法
        self.title = title                 # 设置书名 title
        self.isbn = isbn                   # 设置国际标准书号 isbn

book1 = Book('Python 程序设计', 123)        # 实例化一个 Book 对象 book1
book2 = Book('Python 程序设计', 123)        # 实例化一个 Book 对象 book2
print(book1)                               # 打印 book1
print(book2)                               # 打印 book2
print(book1 == book2)                      # 判断 book1 和 book2 是否相等
```
--------------------------------运行结果--------------------------------

```
<__main__.Book object at 0x0000000000F39E20 >        # print(book1)
<__main__.Book object at 0x00000000013133D0 >        # print(book2)
False                                                # print(book1 == book2)
```

可知 print 打印 book1 和 book2 的结果显示的是其在内存中的地址。book1
和 book2 的属性完全相同，但是进行"=="判断时结果是 False。因为"=="
运算默认是判断两个对象的地址是否相等。

【例 7.29】重载"=="运算符，isbn 相同则两本书相等

```
class Book:
    def __init__(self, title, isbn):            # Book 的构造方法
        self.title = title                      # 设置书名 title
        self.isbn = isbn                        # 设置国际书刊号 isbn

    def __eq__(self, other):                    # 重载运算符"=="
        if isinstance(other, Book):             # 如果对方是 Book 类
            return self.isbn == other.isbn      # 结果即 isbn 是否相等
        return False                            # 不是同一类直接返回 False

book1 = Book('Python 程序设计', 123)            # 实例化一个 Book 对象 book1
book2 = Book('Python 程序设计', 123)            # 实例化一个 Book 对象 book2
print(book1 == book2)                           # 判断 book1 和 book2 是否相等
print(book1 == 10)                              # 判断 book1 是否和整数 10 相等
----------------------------------运行结果-----------------------------------
True                                            # book1 == book2
False                                           # book1 == 10
```

### 7.7.3  字符串转换__str__

__str__方法用于定义类的实例化对象转换为字符串的规则，该方法**必须返回
一个字符串**。如果没有覆写这个方法，Python 默认将对象的类型和内存地址封装
成一个字符串返回。

【例 7.30】覆写__str__方法

```
class Book:
    def __init__(self, title, isbn):            # Book 的构造方法
        self.title = title                      # 设置书名 title
        self.isbn = isbn                        # 设置国际书刊号 isbn

    def __str__(self):                          # 覆写__str__方法,该方法要 return 一个字符串
        return f'Title:{self.title}, ISBN:{self.isbn}'

book = Book('Python 程序设计', 123)             # 实例化一个 Book 对象 book
```

```
print(book)                                          # 打印 book
print(str(book))                                     # 查看 book 的字符串转换结果
-------------------------------运行结果-------------------------------
Title:Python 程序设计, ISBN:123                       # print(book)
Title:Python 程序设计, ISBN:123                       # str(book)
```

### 7.7.4  布尔转换__bool__

__bool__方法用于定义对象的布尔转换规则，**该方法必须返回一个布尔值。**
【例7.31】覆写__bool__方法

```
class Book:
    def __init__(self, title, isbn):                 # Book 的构造方法
        self.title = title                           # 设置书名 title
        self.isbn = isbn                             # 设置国际书刊号 isbn

    def __bool__(self):                              # 覆写__bool__方法,该方法要 return 一个 bool 变量
        return bool(self.isbn)                       # 对象的 isbn 属性的布尔转换即为对象的布尔转换

book1 = Book('Python 程序设计', None)                 # 实例化一个 Book 对象 book1
book2 = Book('Python 程序设计', 59.8)                 # 实例化一个 Book 对象 book2
print(bool(book1))                                   # 对 book1 进行布尔转换
print(bool(book2))                                   # 对 book2 进行布尔转换
-------------------------------运行结果-------------------------------
False
True
```

## ▲ 7.8  可调用的对象

　　根据是否可调用，Python 对象可以被分为可调用对象和不可调用对象。可用
callable 函数判断对象是否是可调用对象，函数和方法就是可调用对象。

### 7.8.1  匿名函数（lambda 表达式）

　　lambda 表达式，又称匿名函数，用于定义功能简单的函数。函数可以在程序
中传递和调用，匿名函数需要使用关键字 lambda 定义，格式如下。

```
lambda [para1, para2,…]: expression
```

- lambda：关键字，引导 lambda 表达式。
- [para1, para2…]：函数的参数，可以是任意类型，可缺省。
- "：" 用于分隔参数和表达式（函数体）。
- expression：匿名函数的过程，同时具有 return 的作用。
- 匿名函数用一行完成声明，lambda 表达式返回一个 function 类的实例化对象。

【例 7.32】lambda 表达式

```
func = lambda x, y: x + y          # 声明一个 lambda 表达式，匿名函数对象返回给 func
c = func(1, 2)                     # 此时 func 成为一个函数对象，可以被调用，结果返回给 c
print(type(func))                  # 查看 func 的类型
print(c)                           # 查看 c 的结果
---------------------------------运行结果---------------------------------
< class 'function' >
3
```

### 7.8.2　回调函数

函数既然是对象，那就可以像变量赋值那样进行传递，我们尝试一下传递函数对象。

【例 7.33】函数对象

```
def add(a, b):                     # 定义一个求 a + b 的函数
    return a + b

func = add                         # 将函数对象 add 赋值传递给 func
print(func(1, 2))                  # 尝试调用 func 并打印结果
---------------------------------运行结果---------------------------------
3
```

可知函数对象也可以像其他对象那样被传递。和索引运算符 "[]" 类似，当圆括号 "()" 出现在一个对象之后，就表示调用该对象。如果该对象是可调用的（callable），那么就对其进行调用操作。如果对象是不可调用的（如 int），程序就会出错。

将一个函数对象 func1 作为参数传入另一个函数 func2 中再调用，就叫函数的回调（callback）。函数 func1 称为回调函数，函数 func2 称为中间函数。

【例7.34】将函数对象作为函数的参数（回调）

```
def add(a, b):                          #定义一个求 a + b 的函数
    return a + b

def func(f, a, b, x):                   #定义一个函数 func，其中第一个参数 f 是一个函数对象
    return f(a, b) * x                  #结果为返回 f(a, b) * x

print(func(add, 1, 2, 3))               #将 add 传入 func，结果为(1 + 2) * 3 = 9
```
------------------------------------------运行结果------------------------------------------
```
9
```

## 7.9　习题

1. 类和对象的关系是什么？面向对象的三大特性及其含义是什么？

2. 函数和方法的区别是什么？方法中的 self 的含义是什么？什么是静态方法？

3. 自定义一个 Vector 类（向量），属性有维度 dim，私有化 demension 属性，并自定义方法完成 Vector 类对象间的加减乘运算（同维度向量才可以进行运算）。如 add (self, vector) 实现加运算。思考：是否应该为 dim 设置 setter 或 getter 方法。

4. 通过运算符重载实现第3题中的 Vector 类对象之间的加减乘运算。

5. 根据经验自定义两个存在继承关系的类并编程实现。

第**8**章

# 引用传递

多数面向对象的高级语言（如 Python、Java 等）都使用引用描述对象的内存地址。一个对象一经创建，其引用就不会改变。相比于指针，引用的使用更为方便。先观察【例 8.1】。

**【例 8.1】** 引用传递现象

```
a = [3, 2, 1]
b = a
a[0] = 4
print('a:', a)
print('b:', b)
----------------------------------运行结果----------------------------------
a: [4, 2, 1]
b: [4, 2, 1]
```

我们发现 a 和 b 同时被修改了，而要理解其内在原因，就需要深入学习引用传递。

## ◤ 8.1 什么是引用传递

引用的实质就是实例化对象在内存中的地址，而引用传递是 Python 中赋值运算符" ="的工作原理，即赋值是在传递引用，即对象的内存地址，而不是这个对象的值，如图 8.1 所示。

首先，语句"a = [3, 2, 1]"描述的是这么一个过程（简化过程，完整过程见后文）：赋值运算符" ="是右结合性运算符，即其右边的语句会先被执行。于是解释器在内存中开辟并占用了一块空间，存储了匿名列表对象[3，2，1]。然后解释器会将这个匿名对象的引用赋值（传递）给"="左边的标识符 a。此时标识符 a 存储的是列表对象[3，2，1]。而对于语句"b = a"，则是直接将 a 的引用传递给了 b，因此 a 和 b 存储的是同一个列表对象的引用，因此对 a 的修改同样会对 b 生效，因为 a 和 b 实际上是同一个列表。

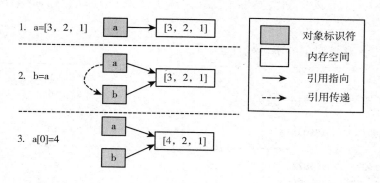

图 8.1　简化引用传递

## 8.2　id 函数

要进一步理解引用传递，我们需要用到内置函数 id，该函数的功能为取出一个对象的 id（identity，类似于身份证号，对象的唯一识别号）。可以保证当前内存中，不同的对象一定不会有相同的 id，其用法为：

➢ id(obj, /)
- obj：任意类型的对象。
- return：int，传入的对象 obj 的 id 值。

对于任意类型的两个对象 a 和 b，如果该类型没有覆写过"__eq__"方法，那么"a == b"是判断 a 和 b 的地址是否相等，也就是"id(a)==id(b)"。

## 8.3　对象的可变性

前面一直强调整型、浮点型、字符串、布尔型、None、复数是**不可变**的数据类型，相信读者对此一定会非常疑惑，现在我们就通过如下例子对其进行说明。

```
a = 1                                          #定义整型对象 1
a += 1                                         #a 自增 1
print(a)                                       #打印 a 的值
-----------------------------------运行结果 ------------------------------------
2
```

从表面上看，a 的值确实发生了变化，从 1 变换到了 2。然后我们从引用的角度观察。

【例 8.2】整型对象的不可变性 1

```
a = 1                                          #定义整型对象 1
print('自增前的 id:', id(a))                     #打印 a 的 id
a += 1                                         #a 自增 1
print('自增前的 id:', id(a))                     #打印 a 的 id
-----------------------------------运行结果 ------------------------------------
自增前的 id: 140736176985872
自增后的 id: 140736176985904
```

我们发现对象 a 的引用 id 在它自增的前后是不一样的。原因就是 a += 1 的时候，会把内存中对象 2 的引用传递给 a，所以 a 的 id 发生了变化。且内存中只要有了整型对象 1，任何值为 1 的整型对象都会指向这个 1。我们设计一个实验来观察。

【例 8.3】整型对象的不可变性 2

```
a = 1                                          #定义整型对象 1
b = (1, 2)
print('a 自增前的 id:', id(a))                    #打印 a 的 id
print('b[0]的 id:', id(b[0]))                   #打印 b[1]的 id
a += 1                                         #a 自增 1
print('a 自增后的 id:', id(a))                    #打印 a 的 id
print('b[1]的 id:', id(b[1]))                   #打印 b[1]的 id
-----------------------------------运行结果 ------------------------------------
a 自增前的 id: 140736176985872
b[0]的 id: 140736176985872
a 自增后的 id: 140736176985904
b[1]的 id: 140736176985904
```

我们发现 a 自增前的 id 和 b[0]的 id 是完全相同的，而 a 自增变为 2 后，a 的 id 和 b[1]又是一样的，这里就可以印证我们的猜想。在 Python 的机制中，解释器一开始就会把整型对象 -5~256 在内存中缓存好，因此所有 Python 程序中的值在 -5~256 的整型对象，实际上都指向了解释器内缓存的这 262 个整型对象。而超过这个范围的整型数据，每次出现都会自动在内存中新开辟一个空间存放该整型对象。而整型对象能够通过数值进行关系判断，说明整型 int 类中覆写了所有用于关系判断的魔法方法。

另外，字符串是完全不可变的数据类型，字符串一经构造便不能修改，只要内存中存在该字符串，任意与其等值的字符串都一定是指向它。

**【例8.4】**字符串的不可变性

```
print(id('Hello World'))                            # 打印匿名字符串的 id
s = 'Hello World'                                    # 构造内容相同的字符串
print(id(s))                                         # 打印构造的字符串 id
```
---------------------------------运行结果---------------------------------
```
20422064
20422064
```

在内存中构造了字符串 'Hello World' 之后，再构造任何相同内容的字符串都是使用的一开始构造的 'Hello World'。与字符串相同的还有布尔型和 None。对于浮点型和复数，则每一次构造都会创建一个新的对象，请读者自行实验。

# ▶ 8.4 元组和列表中的引用

元组是不可变的，但前面举例说明元组中的可变数据又是可变的，这里我们对元组和列表中的数据的引用进行分析。元组和列表对存储在其中的对象的引用方式是一样的，如元组 a = (a0, a1, a2)，其中 a0、a1 和 a2 存储的都是其指向指定对象的引用，如图 8.2 所示。

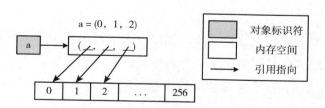

图 8.2　图元组的引用结构

**【例8.5】**元组中元素的修改

```
a = (0, [1, 2], 2)                          # 定义一个存有列表的元组 a
print('元组中列表的 id:', id(a[1]))          # 打印元组中列表的 id
a[1].append(0)                              # 对元组中的列表进行数据添加
a[1][0] = 0                                 # 对元组中的列表进行数据修改
print('列表修改后的元组:', a)                # 打印列表修改后的元组 a
print('元组中列表修改后的 id:', id(a[1]))    # 打印列表修改后,元组中的列表 id
```

```
--------------------------------运行结果--------------------------------
元组中列表的 id: 18972800
列表修改后的元组: (0, [0, 2, 0], 2)
元组中列表修改后的 id: 18972800
```

　　虽然元组中的列表经历了一系列的修改，但是列表的引用并没有变，所以从引用的角度看，元组存储的列表并没有被修改。但实际上同一个引用下的列表内容发生了变化，导致元组看上去也发生了变化。所以在对可变的数据类型进行操作的时候，一定要格外小心。

## ▲ 8.5　浅拷贝和深拷贝

　　切片可以获得一个序列的浅拷贝，可以用于复制序列中元素的引用。

　　**【例 8.6】浅拷贝原理**

```
a = [0, [1, 2], 2]                  #定义一个存有列表的列表 a
b = a[:]                            #使用切片进行浅拷贝
print('修改前的 a:', a)
a[0] = 1                            #把 a[0]修改为 1
a[1].append(0)                      #a[1]添加数据 0
print('修改后的 a:', a)
print('修改后的 b:',b)
--------------------------------运行结果--------------------------------
修改前的 a: [0, [1, 2], 2]
修改后的 a: [1, [1, 2, 0], 2]
修改后的 b: [0, [1, 2, 0], 2]
```

　　可知浅拷贝就是新建一个列表 b，把原列表中的引用全部按顺序复制到 b 中，此时 a[1]和 b[1]依然是指向了同一个列表。如果要从根本上解决问题，必须所有对象都进行值的复制，这就是深拷贝的思想。Python 提供了一个专门用于对象复制的模块 copy，该模块使用前需要使用语句"import copy"导入。copy 模块中提供了两个函数，copy 和 deepcopy，如果要实现真正意义上的完全复制，必须使用 deepcopy，两个函数的说明见表 8.1。

表 8.1　　　　　　　　　　　　　copy 成员函数

| 函数签名 | 说明 |
|---|---|
| copy.copy(x) | 返回对象 x 的浅拷贝，复制引用 |
| copy.deepcopy(x) | 返回对象 x 的深拷贝，所有可变元素对象都将被递归复制 |

**【例8.7】** 深拷贝

```
import copy

a = [0, [1, 2], 311]                          #定义一个存有列表的列表 a
b = copy.deepcopy(a)                          # 深拷贝列表 a
print('修改前的a:', a)
print('修改前a[0]的id:', id(a[0]))
a[0] = 1                                      # 把 a[0]修改为 1
a[1].append(0)                               # a[1]添加数据 0
print('修改后的a:', a)
print('修改后的b:', b)
print('修改后的a[1]的id:', id(a[1]), '修改后的a[2]的id:', id(a[2]))
print('修改后的b[1]的id:', id(b[1]), '修改后的b[2]的id:', id(b[2]))
--------------------------------运行结果----------------------------------
修改前的a: [0, [1, 2], 311]
修改前a[0]的id: 13697232
修改后的a: [1, [1, 2, 0], 311]
修改后的b: [0, [1, 2], 311]
修改后的a[1]的id: 21686656 修改后的a[2]的id: 14737232
修改后的b[1]的id: 21522944 修改后的b[2]的id: 14737232
```

## ◤ 8.6　引用与函数的参数

　　在调用函数时，我们传入的参数也是以引用的形式传入的，这就可以解释为什么传入一个不可变数据类型的对象，那么在函数内无法修改该对象。而如果传入的是一个列表这样可变数据类型的对象，在函数内对其进行修改则会生效。

　　**【例8.8】** 函数参数的引用传递

```
def func(a: int, b: list, c: list):           #定义一个函数
    a = -1                                     #修改 int 对象参数 a 的值
    b.append(-1)                               # 对 list 对象 b 进行 append 操作
    c = []                                     # 将 list 对象 c 变为一个新的空列表

x = 1                                          # 构造 int 对象 x
y = [1, 2, 3]                                  # 构造列表对象 y
z = [3, 2, 1]
func(x, y, z)                                  # 调用 func,传入 x 和 y
print('x: ', x, ', y: ', y, ', z: ', z, sep = '')  # 打印结果
--------------------------------运行结果----------------------------------
x: 1, y: [1, 2, 3, -1], z: [3, 2, 1]
```

当 func 函数被调用时，由于传入的整型对象参数 a，是不可变对象 x 的引用。因此执行语句 a = -1 时，函数内的 a 指向了一个新的整形对象 -1。而由于函数作用域的影响，这并不能修改 x 的引用。但 b 接收的是一个可变对象列表 y 的引用，对 b 进行 append 操作时，相当于同时在对 y 进行 append 操作。而 c 虽然也接收了可变对象列表 z 的引用，但在 func 中我们将新构造的空列表的引用传递给了 c。此时 c 指向的列表与 z 指向的列表不再相同，func 中对 c 的任何操作都将与列表 z 无关，因此 z 最终没有被修改。

## 8.7　关键字 is

关键字 is 用于判断对象是否是同一个（同一个引用），等价于判断 id 是否相同。

【例 8.9】is 示例

```
class Book:
    def __init__(self, title, isbn):          # Book 的构造方法
        self.title = title                     # 设置书名 title
        self.isbn = isbn                       # 设置国际书刊号 isbn

    def __eq__(self, other):                   # 重载 " == " 运算符
        return self.isbn == other.isbn

book1 = Book('Python 程序设计基础简明教程', 123)    # 构造 book1
book2 = Book('Python 程序设计基础简明教程', 123)    # 构造与 book1 相等的 book2
print('book1 == book2:', book1 == book2)
print('book1 is book2:', book1 is book2)
print('id(book1) == id(book2):', id(book1) == id(book2))
--------------------------------------运行结果--------------------------------------
book1 == book2: True
book1 is book2: False
id(book1) == id(book2): False
```

可知 is 就是进行 id 是否相同（引用是否相同）的判断，而 " == " 运算符是调用魔法方法 " __eq__ " 进行判断。这就类似于图书馆里有三本名为《Python 程序设计》的书，三本书的内容完全一样，可以算相等，但它们在物理实体的概念上并不是同一本书。

# 8.8 习题

1. 函数 id 的作用是什么？

2. 自定义一个类，设计实验验证自定义的类也是可变数据类型。

3. 设计实验验证列表的 copy 方法是浅拷贝。

4. 简述 is 和 == 的区别。

5. 设计实验，验证 Python 中 int 对象的缓存范围是 -5~256。

# 第9章
## 模块和包

### ▶ 9.1 模块的基本概念

把设计任务分离成不同模块的程序设计方法，称为模块化编程。使用模块可以将计算任务分解为大小合理的子任务，并实现代码的重用功能。在 Python 中，一个脚本（.py）文件，就是一个模块（module）。模块的命名规则如下。

（1）模块规则与标识符相同，本教程建议使用下划线命名法。

（2）字母区分大小写，虽然 Windows 中文件名不区分大小写，如"ab.py"和"AB.py"是同名文件，但在 Python 中并不相同，因此要保证同一路径下的模块的名称在统一字母大小写后不能有重名的情况，通常使用全小写字母。

（3）不能与已有的关键字、函数、标准库、内置模块和第三方库重名。

（4）Python 模块总的来说分为内置模块或标准库（可直接使用）、第三方库（需要安装）和自定义模块。内置模块存于 Python 安装目录中的 Lib 目录下，如本教程的安装路径"D:\ Python \ Python310 \ Lib"，第三方库则存储在安装目录下的 site - packages 目录。

### ▶ 9.2 模块的导入和使用

首先我们要明确，Python 导入模块时，查找模块的顺序为：（1）标准库和内置模块。（2）已安装的第三方库。（3）自定义的模块。

### 9.2.1 import 导入模块

关键字 import 用于直接导入整个模块，格式如下。

| | |
|---|---|
| import  模块名 | # 导入单个模块 |
| import  模块1, 模块2, 模块3, …,模块n | # 导入多个模块(不建议) |
| import  模块名  as  模块别名 | # 导入单个模块并设置别名 |

- 模块名即要导入模块的名称，区分大小写。如果是自定义的模块，不保留扩展名 ".py"。
- 导入模块后，可以使用"模块名.成员名"的方式访问模块中定义的成员。
- 模块的成员除了模块中定义的类，还包括模块中定义的函数、变量和实例化对象。
- 如果导入模块时设置了别名，程序中就不能再使用模块的原名访问模块。

【例9.1】自定义模块（import）

在 D:\demo 文件夹下创建 demo.py 和 tools.py 两个模块，其中 tools.py 的内容如下。

```
# tools.py
PI = 3.14

def func():
    print('Hello World')

class Tool:
    pass
```

然后我们需要在 demo.py 中使用 tools.py 中的成员，demo.py 的内容如下。

```
# demo.py
import tools                                    # 导入 tools

print(tools.PI)                                 # 访问 tools.PI
tools.func()                                    # 调用 tools.func()
print(tools.Tool())                             # 构造一个 tools.Tool 类的实例化匿名对象
tools.PI = 0                                    # 修改 tools 中 PI 的值
print(tools.PI)                                 # 再次访问 tools.PI
----------------------------------运行结果----------------------------------
3.14                                            # 访问 tools.PI
Hello World                                     # 调用 tools.func()
<tools.Tool object at 0x00000000011FC9D0>       # 构造一个 tools.Tool 类的实例化匿名对象
0                                               # 再次访问 修改后的 tools.PI
```

其中需要注意的是模块中的对象会被修改，如本例中修改了 **tool.PI**，第二次访问时该值也确实被修改了，因此要避免修改一些常量对象。如果觉得 **tools** 这个名字太长，我们可以给 **tools** 取一个别名 **t**，此时不能再使用 **tools** 作为模块名使用，**demo.py** 内容修改如下。

```
# demo.py
import tools as t                                    # 导入 tools,并设置别名 t

print(t.PI)                                          # 访问 tools.PI
t.func()                                             # 调用 tools.func()
print(t.Tool())                                      # 构造一个 tools.Tool 类的实例化匿名对象
----------------------------------运行结果----------------------------------
3.14                                                 # 访问 tools.PI
Hello World                                          # 调用 tools.func()
< tools.Tool object at 0x00000000011FC9D0 >          # 构造一个 tools.Tool 类的实例化匿名对象
```

### 9.2.2  from – import 导入成员

使用"**from - import**"语句可以从模块中导入需要的成员，导入的成员在使用的时候不需要再使用"模块名.成员名"的方式，而直接使用"成员名"即可。该语句没有将模块导入，因此不能直接使用模块名，基本形式如下。

```
from   模块名   import   成员名                        # 从特定模块中导入特定成员
from   模块名   import   成员 1, 成员 2,…, 成员 n       # 从特定模块中导入指定的多个成员
from   模块名   import   *                             # 从特定模块中导入全部成员
```

【例9.2】文件结构同〖例9.1〗，如果只需要 **tools.py** 中的 **func** 函数和 **Tool** 类，可以使用语句"**from import**"来导入。**demo.py** 内容如下

```
# demo.py
from tools import Tool, func                         # 从 tools 中导入 Tool 类和 func 函数

func()                                               # 直接调用 func
print(Tool())                                        # 构造一个 Tool 类实例化匿名对象
----------------------------------运行结果----------------------------------
Hello World
< tools.Tool object at 0x00000000012E3460 >
```

如果我们要导入全部成员，可以直接使用"**\***"表示要导入的成员。

```
# demo.py
from tools import *                                  # 从 tools 中导入全部成员
```

```
print(PI)                                    # 直接打印 PI
func()                                       # 直接调用 func
print(Tool())                                # 构造一个 Tool 类实例化匿名对象
--------------------------------- 运行结果 ---------------------------------
3.14
Hello World
< tools.Tool object at 0x00000000006EC9D0 >
```

使用"from - import"导入的成员在使用时很方便,但与使用"import"导入模块相比,"from - import"语句导入的成员没有模块名可以用来表示其归属结构,会出现重名问题。例如"from copy import copy"后,如果在自定义的 **tools** 模块中也有名为 **copy** 的成员,就会出现覆盖问题,因此需要谨慎使用。而"from import *"则不建议使用。

### 9.2.3　导入语句使用的位置

首先一个模块必须要导入之后才能使用,因此我们的导入语句经常会写在模块的开头处,本节我们的示例代码全都采用了这种模式。我们也经常把导入语句写在方法或函数体内的文档字符串的下面,此时该模块的导入语句仅在方法和函数体内有效,这样函数中使用了哪些模块就会很清晰,例如以下代码。

```
def func(a):
    """文档字符串"""
    import 模块名
    pass
```

## ◤ 9.3　主函数 main

Python 不像 C 和 Java 等语言,没有主函数的概念,但为了保证程序的结构和变量的安全,Python 也需要手动设置主函数,但首先我们需要了解 __name__ 属性。

每一个 Python 模块都有 __name__ 属性(name 前后都是两条下划线"_"),该属性的值与我们运行模块的方式有关。

【例9.3】模块的 __name__

在同一个目录(如 D:\ demo 文件夹)下创建 tools.py 和 demo.py 两个模块。

`tools.py` 的内容如下。

```
# tools.py
print('在 tools.py 中打印__name__: ', __name__)
```

`demo.py` 内容如下，随后我们运行 `demo.py`，如下。

```
# demo.py
import tools

print('在 demo.py 中打印__name__: ', __name__)
print('在 demo.py 中打印 tools.__name__: ', tools.__name__)
--------------------------------运行结果--------------------------------
在 tools.py 中打印__name__: tools
在 demo.py 中打印__name__: __main__
在 demo.py 中打印 tools.__name__: tools
```

可知 **tools** 模块中的 **print** 被最先执行。所以 **import** 一个模块的时候，该模块中的语句会被全部执行，此时模块 **tools.py** 的**__name__**属性就是该模块的名字**"tools"**，而 **demo.py** 中的**__name__**是字符串**"__main__"**。同样从 **demo.py** 模块里直接访问 **tools.__name__**也是**"tools"**。因此我们得知，我们运行哪一个模块文件，这个模块就是主模块，该模块的**__name__**属性值就是**"__main__"**。非主模块的**__name__**则是模块名。

【例 9.4】主函数

有了《例 9.3》中展示的特点，就可以手工设置主函数，**demo.py** 内容修改如下：

```
# demo.py
import tools

if __name__ == '__main__':
    print('Demo 的主函数')
```

`tools.py` 内容修改如下。

```
# tools.py
import demo

if __name__ == '__main__':
    print('tools 的主函数')
```

如果运行 **demo.py**，结果如下。

```
Demo 的主函数
```

可知 **tools.py** 中 **if** 引导的 **print** 语句没有被执行。那么反过来，我们执行

tools.py 模块，demo.py 中 if 引导的 print 语句不会被执行，结果如下。

tools 的主函数

这时就可以通过对模块中 \_\_name\_\_ 属性的值进行判断来确定是否要执行当前模块中 if \_\_name\_\_ == '\_\_main\_\_' 引导的子代码，该子代码就是我们所说的 Python 主函数。当然，也可以以函数的形式书写这部分代码，格式如下。

```
def main():
  pass

if __name__ == '__main__':
  main()
```

**注意：出于篇幅考虑，本教程后续内容不会使用主函数模式书写代码，但 Python 的开发者都应该养成使用主函数的良好习惯。**

## ▲ 9.4  包（package）

### 9.4.1  多层级模块的导入

无论使用"import"还是"from import"，导入的模块中可以包含文件夹的层级，文件夹的层级使用"."作为分隔，但一定要保证该路径的最终目标是一个模块（.py 文件）。

例如，我们在当前目录下新建了一个 pet 文件夹，并在 pet 文件夹下新建了一个 dog.py 模块，此时"import pet.dog"相当于导入了这个 dog.py 模块。这里 pet.dog 就类似于 windows 中的 pet \ dog 和 Linux 中的 pet/dog。但如果使用"import pet"语句时，在访问 pet 成员时会出错，因为 pet 是一个目录（文件夹）而不是模块。

项目的开发往往涉及很多模块，为了保证项目文件的结构清晰，同时为了避免一些模块的重名问题，使用文件夹分离不同的功能的模块是必要的。例如，将线性代数运算的模块放置到文件夹 linalg 中，将统计分析的模块放置到文件夹 statistics 中等。

【例 9.5】文件夹分离模块

我们继续在 D: \ demo 文件夹下进行操作，此时该文件夹中有一个文件夹（pet），一个模块 demo.py，而文件夹 pet 下有 dog.py 和 cat.py 两个模块，如图 9.1 所示。

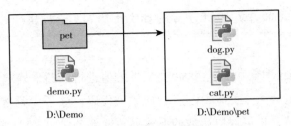

图 9.1　文件层级关系

其中 **dog.py** 模块中的内容如下。

```
class Dog:
    def __init__(self, name):
        self.name = name

    def bark(self):
        print(f' {self.name}: 汪汪')
```

其中 **cat.py** 模块中的内容如下。

```
class Cat:
    def __init__(self, name):
        self.name = name

    def bark(self):
        print(f' {self.name}: 喵喵')
```

然后我们要通过 demo.py 来使用 cat 和 dog 模块中的 Cat 类和 Dog 类，则可以使用 import 语句完成，但必须要注意，import 的最终目标必须是模块，如果我们 import 了一个文件夹（目录），demo.py 内容如下，并执行该脚本。

```
import pet                                        # 错误用法，导入了 pet 文件夹（目录）

my_cat = pet.cat.Cat('罗小黑')                     # 构造一个 Cat 对象，不能缺省模块路径
my_cat.bark()
--------------------------------------运行结果 --------------------------------------
AttributeError: module 'pet' has no attribute 'cat'
```

如上例，解释器给出的错误信息是 pet 模块中没有 cat 成员，因为 pet 是一个文件夹，而不是模块，自然也就谈不上有没有 cat 成员。因此 demo.py 模块的内容应该修改如下。

```
import pet.cat                                    # 导入 pet.cat 模块
import pet.dog                                    # 导入 pet.dog 模块

my_cat = pet.cat.Cat('罗小黑')                     # 构造一个 Cat 对象，不能缺省模块路径
```

```
my_dog = pet.dog.Dog('乐乐')                          # 构造一个 Dog 对象，不能缺省模块路径
my_cat.bark()
my_dog.bark()
```
-----------------------------------运行结果 -----------------------------------
罗小黑：喵喵
乐乐：汪汪

___

本例使用 Cat 类时，`pet.cat.Cat` 实在是有些麻烦。虽然使用 `from import` 可以解决，但很多时候我们又希望能够保持模块的从属关系，例如最理想的情况是 `pet.Cat`。解决这个问题就需要使用到包（package）。

### 9.4.2　特殊模块__init__.py

在 Python 中创建包的核心就是特殊模块`__init__.py`，这个模块的作用是把这个模块所在的文件夹转换成模块，也就是我们所说的包（package）。此时这个模块就同时具有了文件夹和模块的功能。

【例9.6】包的创建（package）

结合例〖9.5〗，我们在 pet 文件夹里创建一个新的模块，文件名为`__init__.py`，文件结构如图9.2所示。

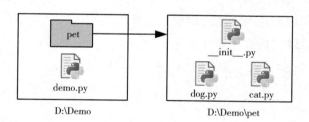

D:\Demo                                    D:\Demo\pet

图9.2　添加`__init__.py` 后的文件关系

然后修改`__init__.py` 的内容，如下。

___

```
from .cat import Cat                          # 注意不要遗漏 cat 前的"."
from .dog import Dog                          # 注意不要遗漏 dog 前的"."
```

注意这里两个 `from` 后面的模块名之前都有一个"."，表示当前路径，即`__init__.py` 所在的目录，用"."表示当前路径的方法只适用于`__init__.py` 文件。

然后修改 demo.py 的内容如下。

___

```
import pet                                    # 导入 petcat 模块

my_cat = pet.Cat('罗小黑')                      # 构造一个 Cat 对象，不能缺省模块路径
my_dog = pet.Dog('乐乐')                        # 构造一个 Dog 对象，不能缺省模块路径
```

```
my_cat.bark()
my_dog.bark()
```
-----------------------------------运行结果-----------------------------------
罗小黑：喵喵

乐乐：汪汪

此时就完成了我们的目标，保留文件夹 pet 的名称，省略 pet 中模块的名称。由于在 pet 文件夹中创建了__init__.py 模块，执行语句 import pet 时，会自动执行__init__.py 模块，将 Dog 和 Cat 类导入到__init__.py 中，此时这个__init__.py 就代表了文件夹 pet，并使文件夹 pet 成为了一个模块。当然__init__.py 模块中也可以定义各类对象、类或函数等，可根据项目的需要安排模块的架构关系。

## 9.5 习题

1. 自定义两个拥有重名函数 func 的模块，并在主模块中使用 "from … import *" 导入两个模块的所有成员，测试在调用这个重名函数时的效果。
2. 模块的__name__属性的取值在什么情况下不是这个模块的模块名？为什么可以用模块属性__name__设置主函数。
3. 模块__init__的作用是什么？
4. 仿照〖例9.6〗，自定义案例完成一个简单包的开发。

# 第 **10** 章
## 文件处理

程序在内存中运行，但是内存中的数据在断电之后就会全部丢失。因此，如果要永久性存储数据，我们就必须把数据存放在硬盘中。同时应用程序也经常需要从硬盘文件中读取数据，因此对硬盘中的文件进行处理是每一门编程语言都必须具备的功能。

### ▲ 10.1 路径与分隔符

一个文件的完整文件名是要包含完整路径的，例如，"D:\demo\test.txt"表示 Windows 系统下 D 盘下的 demo 文件夹中的 test.txt 文件，其中路径分隔符"\"则用于描述文件的层级。另外".\"表示当前目录（文件所在文件夹的路径），"..\"则表示当前目录的上一级目录。路径的描述分为两种。

（1）绝对路径：完整描述文件位置，如"D:\demo\test.txt"。

（2）相对路径：相对当前活动路径的位置。例如描述"D:\demo\test.txt"：

- 如果当前活动路径是"D:\"，那么相对路径为"demo\test.txt"；
- 如果当前活动路径是"D:\demo"，那么相对路径为"test.txt"或".\test.txt"；
- 如果当前活动路径是"D:\demo\tmp"，那么相对路径为"..\demo\test.txt"。

在 Python 中，如果在运行某个模块（.py 文件），此时该模块所在的目录（文件夹）就是当前活动路径。如果使用 IDLE 交互模式，当前路径为解释器 Python.

exe 所在目录。可以使用 os 模块的 getcwd 函数获取当前的活动目录。

解析路径字符串 "D:\test.txt" 时，'\t'会被解释为制表符，解决方案
如下：

(1) 使用转义符：如"D:\\test.txt"。

(2) 使用 r - 字符串：r"D:\test.txt"。

(3) 使用 os 模块 sep 常量（推荐）:"D:" + os.sep + "demo.txt"。

【例 10.1】分隔符问题

```
import os                              # 导入 os 模块

p1 = 'D:\test.txt'                     # 没有使用转义符表示 \
p2 = 'D:\\test.txt'                    # 使用转义符表示 \
p3 = r'D:\test.txt'                    # 使用 r - 字符串消除转义符
p4 = 'D:' + os.sep + 'test.txt'        # 使用 os.sep 表示 \
print('p1 -> ', p1)
print('p2 -> ', p2)
print('p3 -> ', p3)
print('p4 -> ', p4)
------------------------------------运行结果------------------------------------
p1 -> D:   est.txt
p2 -> D:\test.txt
p3 -> D:\test.txt
p4 -> D:\test.txt
```

可知 os.sep 常量就是字符串" \\ "。为什么推荐使用 os.sep？因为 Linux、
Unix 等操作系统使用的路径分隔符是 "/"。如果安装 Linux 版 Python，则 os.
sep 表示 '/'，而 Windows 版中 os.sep 表示 ' \\ '，这就使得程序具有了可移
植性。

## ◤ 10.2　open 函数

内置 open 函数用于构造对文件进行 I/O（Input/Output）操作的文件对象：

➢ open(file, mode = 'r', buffering = - 1, encoding = None, errors =
None, newline = None, closefd = True, opener = None)

- file：str，文件名，需包含路径，绝对路径和相对路径均可。
- buffering：缓冲区大小，本教程不讨论。
- mode：str，设置工作模式，默认为'rt'，可取值见表 10.1。

- encoding：str，设置字符编码。在"w" 和"a" 模式中，表示使用指定的编码方式对文件中存储的文本进行编码。在"r" 模式中，表示使用指定的编码方式对文件中的文本进行解码。常用有"UTF - 8"（等价于"UTF8"）、"GBK"和"ANSI"，本参数不区分大小写（二进制模式该参数禁用）。
- errors：设置报错处理，None 表示不处理，本教程不讨论。
- newline：str，仅适用于文本模式，用于指定文本的换行符。可取 None，'\r\n'，'\n'，'\r'和''，通常使用默认值即可。
- closefd：设置文件关闭模式，本教程不讨论。
- openner：设置打开器，本教程不讨论。
- return：返回一个用于操作文件 file 的 IO 对象。该对象类型因 mode 的不同而不同。返回 TextIOWrapper、BufferedWriter 或 BufferedReader 类对象中的一种。为了方便，本教程将这三种对象的类型统称为 File 类。

表 10.1　　　　　　　　　　　　mode 参数常用值

| mode 参数 | 功能描述 |
| --- | --- |
| "r" | 以只读方式打开已经存在的文件 |
| "w" | 以可写方式打开文件。若文件不存在，则创建文件 |
| "a" | 以追加写入方式打开一个文件，若文件不存在，则创建文件 |
| "b" | 二进制模式，即传输内容为字节流（bytes），用于图片等二进制文件 |
| "t" | 文本模式，即传输内容为文本（字符串），用于文本文件 |

如表 10.1 所示，本教程仅介绍几个常用 mode。其中"r"、"w" 和"a" 为基本模式。"b"、"t" 这两种模式需要配合基本模式使用。

（1）文本模式"rt"、"wt" 和"at" 用于处理文本文件。文本文件存储的内容是文本（即字符串），可以直接用记事本打开，如扩展名为 ".txt"、".csv"、".html" 等的文件，但 Office 软件的文档不属于文本。文本模式能够以字符串的形式读取文件内容或向目标文件写入文本。

（2）二进制模式"rb"、"wb" 和"ab" 可以用来处理二进制文件和文本文件，最常见的就是 JPEG、PNG 等图片或音频、视频等，但只能以 byte 对象形式读取或写入内容。

使用 open 函数返回的 File 类对象用于对指定文件进行操作，常用方法见表 10.2。

表 10.2                          File 类常用方法

| 方法签名（含返回值类型） | 说明 |
|---|---|
| File.write(s, /) -> int | 限写入模式或追加模式，向文件写入 s，文本模式 s 为 str，二进制模式 s 为 byte。返回值是写入的字符数（文本模式）或字节数（二进制模式） |
| File.read(size = -1, /) -> str \| byte | 限只读模式，读取文件的内容，size 为要读取的字节数，-1 表示完整读取整个文件。返回值类型为 str（文本模式）或 byte（二进制模式） |
| File.readline(size = -1, /) -> str | 限文本只读模式，读取当前行，size 同 File.read。文件对象会记录当前位置（即第几行），每读取一次，自动变更至下一行 |
| File.readlines() -> list | 限文本只读模式，按顺序逐行读取文本内容，并将每一行按顺序作为元素存储到列表返回 |
| File.close() | 关闭文件 IO 流，每次使用完文件后都应该调用该方法 |

**【例 10.2】** 文件操作

在同一个目录下创建文件 demo.py 和文本文件 demo.txt，demo.txt 的内容如下。

```
apple
pear
cherry, peach
```

我们尝试完整读取 demo.txt 文件，demo.py 模块内容如下。

```
file = open('demo.txt', mode = 'rt')          # 构造一个操作文件的 File 对象
s = file.read()                               # 完整读取文件
file.close()                                  # 关闭 IO 流
print(s)
--------------------------------运行结果----------------------------------
apple
pear
cherry, peach
```

注意：无论 txt 文件里存储的是什么格式的数据，都是以字符串的形式读出。也可以使用 readline 方法逐行读取文本，代码如下。

```
file = open('demo.txt')
s = file.readline()               # 先把第一行文本读到 s 中,思考一下为什么这么做?
line = 1                          # 行号标记
while s:                          # 当读取的文本不为空时
    print(line, s, end = '')      # 打印内容,文本本身含有换行符,故打印时要除去。同时打印行号
    s = file.readline()           # 读取下一行
    line += 1                     # 行号自增
```

```
file.close()                              # 关闭 IO 流
----------------------------------运行结果-----------------------------------
1 apple
2 pear
3 cherry, peach
```

另外，也可以使用 readlines 直接读取所有行，代码如下。

```
file = open('demo.txt')
lines = file.readlines()                  # 先把第一行文本读到 s 中,思考一下为什么这么做?
print(lines)                              # 读取结果
file.close()                              # 关闭 IO 流
----------------------------------运行结果-----------------------------------
['apple\n', 'pear\n', 'cherry, peach']
```

上例按顺序读取了文件的每一行并存储在列表中，且每一行的换行符也被读取了进去。然后我们尝试将字符串 'mango' 写入 demo.txt，需要使用 'wt' 模式。

```
file = open('demo.txt', mode = 'wt')      # 用 'wt' 模式打开文件
file.write('mango')                       # 写入内容
file.close()                              # 关闭 IO 流
```

打开 demo.txt，我们发现里面只有下 mango，原本的内容全都被清空了。

```
mango
```

可知使用 "w" 模式会清空文件中的原始数据，因此要慎用。如果需要保留文件的原始数据并向文件末尾添加数据，则需要使用追加模式 "a"，代码如下。

```
file = open('demo.txt', mode = 'at')      # 用 'at' 模式打开文件
file.write('apple\n')                     # 添加一行内容,末尾换行
file.write('peach\n')                     # 添加一行内容,末尾换行
file.close()                              # 关闭 IO 流
```

打开 demo.txt，其文件内容如下。

```
mangoapple
peach
```

文本虽然被写进了文件，但是 mango 和 apple 首尾相接。从上例看出，文本文件的内容应该以空行结尾，这样才能方便后续的追加操作。

## ▲ 10.3　with 上下文管理

关键字 with 用于对资源进行访问的场合，可以自动执行必要的资源释放操作。

with 引导的代码块在执行结束后或执行中出现异常时，会自动关闭 IO 流，无需自行调用 close 方法，使用非常方便。with 上下文管理格式如下。

```
with open(file [, mode ]) as file_obj :
    block
```

其中 open 函数的使用和本章 10.2 节相同，as 是为 open 函数返回的对象取一个别名 file_obj（也可自定义为其他名称），即 File 对象的标识符。file_obj 可以在 with 的子代码块 block 中使用，当子代码块运行结束后，会自动调用 close 方法释放资源。

【例 10.3】 使用 with 读取〖例 10.2〗中 demo.txt 的内容

```
with open('demo.txt') as file:          # 使用 with + open 打开文件
    file.read()                          # 读取文件内容
file.read()                              # with 代码块结束后继续读取
-------------------------------------运行结果 -------------------------------------
ValueError: I/O operation on closed file.
```

在 with 结束后再次读取文件时，I/O 流已经被关闭。Python 3.10 支持在一个 with 中打开多个文件，避免在同时使用多个文件时过多使用 with 嵌套，有 3 种使用方式。

(1) with 后打开多个文件，用 "," 分隔不同文件。

```
with open("data1.txt") as file1, open("data2.txt") as file2:
    block
```

(2) 文件较多时，with 后的文件使用 " \ " 换行。

```
with open("data1.txt") as file1, \        # 使用" \"标识语句未结束而换行
    open("data2.txt") as file2:
    block
```

(3) 文件较多时，使用元组存储所有 open 语句，在元组内直接换行。

```
with (open("data1.txt") as file1,
    open("data2.txt") as file2):
    block
```

## ◣ 10.4  中文乱码问题

中文有多种编码方式，目前最常用的是 UTF - 8 编码（Unicode），如果所用开发平台与文件中的编码方式不同（英文不受影响），则会出现乱码问题，需要手工

设置编码方式。常用的有 ANSI、GBK 和 UTF-8（主流）。乱码产生的根本原因是：文件的字符编码方式与读取文件的程序使用的字符解码方式不同。对于 open 函数，需要设置 encoding 参数。

【例10.4】乱码问题，demo.txt 文档中保存如下内容（字符编码为 UTF-8）

云南昆明

同目录下的 demo.py 使用以下代码读取文件：

```
with open('demo.txt') as file:                        # 使用 with + open 打开文件
    print(file.read())                                # 读取文件内容
----------------------------------- 运行结果 -----------------------------------
浜戝崡鏄嗘槑
```

读取结果出现乱码，因为 Windows 中 open 函数默认使用的编码方式是 GBK，而原 txt 文件使用了 UTF-8 编码，需要在 open 函数中更改 encoding 参数，方法如下。

```
with open('demo.txt', encoding = 'utf -8') as file:   # 设置字符编码
    print(file.read())                                # 读取文件内容
----------------------------------- 运行结果 -----------------------------------
云南昆明
```

参数 encoding 以字符串的指定编码方式，由与该参数不区分大小写，所以"UTF-8"、"utf-8"、"UTF8"或"utf8"均可。

## ◢ 10.5　csv 文件处理

### 10.5.1　csv 概述

Comma - Separated Values（以下简称 csv）以纯文本形式存储表格数据的文件，文件扩展名是".csv"。csv 文件由任意数量的记录组成，用英文逗号","作为列的分隔符。只需新建一个文本文件（.txt），然后将其扩展名修改为".csv"即可创建 csv 文件。csv 文件可以用 Excel 打开，也可以把 Excel 表格另存为 csv 文件。虽然 csv 不像 Excel 那样功能强大，但 csv 轻量、高效，非常适合用于存储原始数据。Excel 打开 csv 文件效果如图 10.1(a)所示。

整体上看 csv 和 Excel 表格没有区别。然后使用记事本打开该文件，选中该 csv 文件后点击鼠标右键，选择使用记事本或其他文本编辑器打开文件，如图 10.1(b)

和图 10.1 (c)所示。

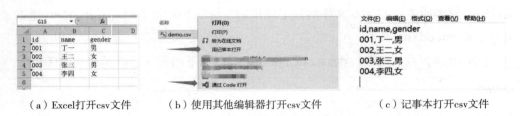

（a）Excel打开csv文件　　　（b）使用其他编辑器打开csv文件　　　（c）记事本打开csv文件

图 10.1　csv 文件

### 10.5.2　csv 模块

csv 模块是 Python 内置模块，提供了对 csv 文件操作的类和方法，在使用时直接 import 即可。csv 模块提供了 csv.writer 和 csv.reader 两个最基础的类来对 csv 文件进行操作。

**1. csv.writer**

（1）构造 csv.writer 对象（用于写入文本）：

➤ csv.writer (csvfile)：构造 csv.writer 对象。

● csvfile：要写入的文件对象。该对象通过 open 函数构造，注意 open 函数构造文件对象时，必须设置参数 newline = ''（空字符），mode 为 "wt" 或 "at"。

● return：一个用于操作指定文件的 csv.writer 对象。

（2）csv.writer 写入操作：

➤ csv.writer.writerow(self, row)：写入一行数据。

● row：list 或 tuple，要写入的数据，writerow 方法会自动按顺序将序列中的元素写入 csv 文件，且会自动对这些元素进行字符串转换，并自动在列表中的各元素之间添加英文逗号，且自动在行末增加换行符。

➤ csv.writer.writerows(self, rows)：写入多行数据。

● rows：list 或 tuple，要写入的数据，与 writerow 的区别在于可以写入多行数据，要求列表是嵌套的二维列表，里面的每一个列表（每一行）就是一行数据。

【例 10.5】逐行写入 csv

要生成的目标 csv 文件内容如下（注意以空行结束）。

序号,名称
1,张三
2,李四
3,王五

程序 demo.py 内容如下（逐行写入）。

```
import csv                                    # 导入 csv 模块

headers = ['序号', '名称']                      # 表头(字段名)
# 要存入的数据,每一行是一条记录
data = [[1, '张三'],
        [2, '李四'],
        [3, '王五']]
# 打开文件,构造 File 对象
with open('demo.csv', 'wt', newline = '', encoding = 'utf-8') as file:
    csv_file = csv.writer(file)               # 使用 file 实例化 csv.writer 对象
    csv_file.writerow(headers)                # 写入表头
    for row in data:                          # 逐行写入数据
        csv_file.writerow(row)
```

使用 writerows 一次性全部写入代码如下。

```
import csv

headers = ['序号', '名称']                      # 表头(字段名)
# 要存入的数据,每一行是一条记录
data = [[1, '张三'],
        [2, '李四'],
        [3, '王五']]
# 打开文件,构造 File 对象
with open('demo.csv', 'wt', newline = '', encoding = 'utf-8') as file:
    csv_file = csv.writer(file)               # 使用 file 实例化 csv.writer 对象
    csv_file.writerow(headers)                # 写入表头
    csv_file.writerows(data)                  # 一次性写入 data 中的元素
```

### 2.csv.reader

csv.reader 是一个可迭代的对象，可以使用 for 循环遍历。其构造方法为：

➤ csv.reader(csvfile)：构造 csv.reader 对象。

● csvfile：要读取文件的 File 对象，open 函数中的 mode = 'rt'。与 writer 对象的构造不同，newline 参数可不设置。

- **return**：一个用于操作指定文件的 csv.reader 对象。for 循环迭代该对象时，每次循环都以列表的形式取出一行的文本数据，并自动根据"，"对文本数据进行分割。

【**例 10.6**】以刚刚写入了数据的 csv 文件为例，使用 csv.reader 读取该文件

```
import csv

with open('demo.csv', encoding = 'utf-8') as file:     # 打开文件
    csv_file = csv.reader(file)                          # 使用 file 实例化 csv.reader 对象
    data = []                                            # 空列表，用于存储数据
    for row in csv_file:                                 # 使用 for 循环逐行遍历 csv_file
        data.append(row)                                 # 以行为单位添加数据
    print(data)                                          # 打印结果
----------------------------------- 运行结果 -----------------------------------
[['序号', '名称'], ['1', '张三'], ['2', '李四'], ['3', '王五']]
```

使用 for 循环将完整遍历整个 csv 文件，如果我们只准备读取当前行的文本，可以使用内置函数 next 完成，并将当前行指针指向下一行。回到〖例 10.6〗，我们不希望 data 中存储表头数据，可以使用 next 函数先将其单独取出，然后再使用 for 循环完整遍历剩余数据。

```
import csv

with open('demo.csv', encoding = 'utf-8') as file:     # 打开文件
    csv_file = csv.reader(file)                          # 使用 file 实例化 csv.reader 对象
    headers = next(csv_file)                             # 使用 next 把表头先取出
    print('headers: ', headers)                          # 打印表头
    data = []                                            # 空列表，用于存储数据
    for row in csv_file:                                 # 使用 for 循环逐行遍历 csv_file
        data.append(row)                                 # 以行为单位添加数据
    print('data: ', data)                                # 打印结果
----------------------------------- 运行结果 -----------------------------------
headers: ['序号', '名称']
data: [['1', '张三'], ['2', '李四'], ['3', '王五']]
```

## ◤ 10.6　bytes 类

在使用二进制模式处理文件时，会碰到 bytes 类（字节类）的使用，bytes 类对象保存了文本（文件）的二进制的字节格式内容，常用于文件传输和网络编程。与字符串相同，bytes 也是不可变的序列，且支持序列的基本操作，本教程仅介绍

bytes 类最简单的使用方法。

## 10.6.1　构造方法

（1）使用 b 前缀的 b‑字符串定义，b‑字符串中只能包含 ASCII 字符，即不支持中文。

（2）使用构造方法 bytes(string, encoding, /)，将字符串 string 按照指定的编码方式 encoding（常用"utf‑8"或"gbk"）转换为 bytes 对象。

（3）字符串方法 str.encode(encoding = 'utf‑8') 可按照 encoding 指定的编码方式将该字符串编码为 bytes 对象。

## 10.6.2　解码方法（bytes 转换为字符串）

➢　bytes.decode(encoding = 'utf‑8')

- encoding：str，指定解码使用的字符编码，默认'utf‑8'。
- return：str，解码结果。

【例 10.7】bytes 对象的构造和解码

```
b1 = b"ab3"                    # 使用 b 前缀的 b‑字符串构造,字符串内只能包含 ASCII 字符
b2 = bytes("你好", 'utf‑8')     # 将字符串'你好'用'utf‑8'编码为 bytes
b3 = '哈! a2'.encode('gbk')     # 将字符串'哈! a2'用'gbk'编码为 bytes
s = b2.decode()                # 使用'utf‑8'(默认)将 b2 解码为 str
print(b1)
print(b2)
print(b3)
print(s)
----------------------------------运行结果----------------------------------
b'ab3'
b'\xe4\xbd\xa0\xe5\xa5\xbd'
b'\xb9\xfe! a2'
你好
```

## 10.7　习题

1. 使用 open 函数时，mode 参数主要可取的值有哪些？各是什么含义？
2. 简述"w"模式和"a"模式的区别。

3. 当程序完成对文件的操作后，必须进行的操作是什么？

4. 简述文本中出现乱码的原因。

5. 简述 csv 文件的存储规则。

6. 自行建立一个 csv 文件，表头内容和类型为：工号（str），姓名（str），年龄（int），工资（float）。自行补充表格内容，并使用 csv 模块将表格读入 Python 程序，并对 str 以外类型的数据进行对应的转型。

7. 编写函数 copy_file (source, target)，功能为将任意类型的文件 source 复制到 target 目录下（提示：使用二进制模式）。

第**11**章

正则表达式

正则表达式（Regular Expression，regex），是一种含有特殊符号组成的字符串。用于帮助用户检验某个字符串是否符合某种模式或格式，需要使用 Python 标准库 re。

## ▲ 11.1　re 模块常用函数

➤　re.match(pattern, string, flags = 0)

- 功能：判断 string 是否以 pattern 字符串开头。
- pattern：str，匹配模式。若为字符串，判断目标字符串 string 是否以 pattern 字符串开头。若为正则表达式，判断是否以特定模式开头。
- string：str，要进行匹配的字符串。
- flags：标志位，默认为 0，即无特殊匹配模式，其取值为 re 模块中的特定常量，本教程仅要求掌握 re.I（或 re.IGNORECASE），表示忽略大小写。
- return：如果匹配成功，返回一个 Match 类对象，该对象的方法 span()可获取匹配的索引元组对象 (m, n)，表示匹配到的字符传在 string 的 m ~ n - 1 位置。若匹配失败，则返回 None。

【例 11.1】判断字符串是否以"YNUFE"开头

```
import re

pattern = 'YNUFE'
print(1, re.match(pattern, 'ynufe.edu'))          # 检验 ynufe.edu
```

```
print(2, re.match(pattern, 'YNUFE.edu'))            # 检验 YNUFE.edu
print(3, re.match(pattern, 'www.YNUFE.edu'))        # 检验 www.YNUFE.edu
print(4, re.match(pattern, 'ynufe.edu', re.I).span())  # 忽略大小写检验，并查看匹配位置
```
---------------------------------运行结果-------------------------------------
```
1 None
2 < re.Match object; span = (0, 5), match = 'YNUFE' >
3 None
4 (0, 5)
```

> ➢ re.search(pattern, string, flags = 0)

- 功能：搜索 string 是否包含 pattern 字符串。
- pattern：str，匹配模式。若为字符串，即判断目标字符串 string 是否存在 pattern 子串。若 pattern 为正则表达式，判断目标字符串是否存在符合模式的子串。
- string：str，要进行匹配的字符串。
- flags：标志位，默认为 0，同 re.match 中的 flag。
- return：如果匹配搜索成功，返回一个 Match 类对象，该对象有方法 span()，可获取匹配的索引元组对象对象（m, n）表示匹配的子串在源字符的 m ~ n - 1 位置（第一次出现的位置和结束位置）。匹配搜索失败则返回 None。

【例 11.2】查找字符串

```
import re

pattern = 'YNUFE'                                    # 搜索字符串中是否含有'YNUFE'
print(1, re.search(pattern, 'ynufe.edu'))
print(2, re.search(pattern, 'YNUFE.edu'))
print(3, re.search(pattern, 'www.YNUFE.edu'))
print(4, re.search(pattern, 'ynufe.edu', re.I).span())
```
---------------------------------运行结果-------------------------------------
```
1 None
2 < re.Match object; span = (0, 5), match = 'YNUFE' >
3 < re.Match object; span = (4, 9), match = 'YNUFE' >
4 (0, 5)
```

> ➢ re.findall(pattern, string, flags = 0)

- 功能：取出 string 中所有与 pattern 匹配的子串。
- pattern：str，匹配模式。若为字符串，即判断目标字符串 string 是否存在 pattern。若为正则表达式，判断目标字符串是否存在符合模式的子串。
- string：str，要进行匹配的字符串。
- flags：标志位，默认为 0，同 re.match 中的 flag。

- **return：list**，对整个字符串按照指定 **pattern** 和 **flags** 规则匹配，如果有匹配成功的子串，则按照顺序将匹配成功的子串添加进列表。

【例11.3】查找所有匹配到的字符串

```
import re

pattern = 'food'                                      # 匹配搜索所有的'food'字符串
print(1, re.findall(pattern, 'food'))
print(2, re.findall(pattern, 'i love food'))
print(3, re.findall(pattern, 'food food foodfood'))
print(4, re.findall(pattern, 'abcdefg'))
-------------------------------运行结果 -----------------------------------
1 ['food']
2 ['food']
3 ['food', 'food', 'food', 'food']
4 []
```

## 11.2　常用正则匹配符

### 11.2.1　字符匹配符号

字符匹配符号用于表示正则表达式中这个位置应该出现的字符，如表11.1所示。

**表11.1**            **字符正则匹配符号**

| 字符匹配符号 | 描述 |
| --- | --- |
| x 或 \t 等转义符 | 表示匹配任意的一位指定字符。如'x'就表示匹配字母 x，'\t'表示匹配制表符 \t |
| \\ | 匹配转义字符 "\"，需要使用 r - 字符串 r'\\'或 '\\\\' |

【例11.4】匹配包含转义符的字符串

```
import re

print(1, re.search(r'y\n', 'zzy\nabc'))               # 匹配搜索字符串'y\n'
print(2, re.search(r'y\n', 'zzY\nabc'))               # 匹配搜索字符串'y\n'
print(3, re.search(r'y\n', 'zzY\nabc', re.I).span())  # 匹配搜索字符串'y\n'
print(4, re.search(r'\\', 'a\ c'))                    # 查找'a\ c'中是否有\
-------------------------------运行结果 -----------------------------------
1 <re.Match object; span = (2, 4), match = 'y\n'>
2 None
3 (2, 4)
4 <re.Match object; span = (1, 2), match = '\\'>
```

本书建议正则表达式使用 r - 字符串书写，尤其在涉及 " \ " 时。

## 11.2.2　范围匹配符号

范围匹配符号用于表示该位置可以出现的字符，如表 11.2 所示。

表 11.2　　　　　　　　　　　　　范围匹配符号

| 范围匹配符号 | 描述 |
| --- | --- |
| [abc] | 该位置的字符可以是 a、b、c 中的任意一个 |
| [^abc] | 范围取反，该位置的字符不能是 a、b、c 中的任意一个 |
| [a - zA - Z] | 表示该位置的字符只能是字母，包括大写和小写 |
| [0 - 9] | 表示该位置的字符只能是数字 |

【例 11.5】搜索一个三个字符组成的字符串，第一个字符是 abc 中的一个，第二个字符是 0 - 3 中的一个，第三个字符是小写字母

```
import re

pattern = '[abc][0 - 3][a - z]'
print(1, re.search(pattern, 'a1n'))
print(2, re.search(pattern, 'v4r'))
print(3, re.search(pattern, 'b0A'))
----------------------------------运行结果-----------------------------------
1 <re.Match object; span = (0, 3), match = 'a1n' >
2 None
3 None
```

## 11.2.3　边界匹配符号

边界匹配符号通常成对使用，使用后对整个字符串都进行了格式限定，如表 11.3 所示，正则表达式 "^regex $" 表示整个字符串都必须符合 regex 规定的模式，故通常用于 re.match 进行完整匹配，而 re.search 和 re.findall 使用后会退化为 re.match。

表 11.3　　　　　　　　　　　　　边界匹配符号

| 边界匹配符号 | 描述 |
| --- | --- |
| ^ | 设置正则匹配开始 |
| $ | 设置正则匹配结束 |

**【例 11.6】** 完整匹配

```
import re

# 表示字符串第一个字符必须是 0 - 4 中的一个,然后是 PA,最后以 5 - 9 中的一个数结尾
pattern = '^[0-4]PA[5-9]$'
print(1, re.search(pattern, '0PA6'))
print(2, re.search(pattern, '01PA69'))
print(3, re.search(pattern, '0 6'))
print(4, re.search(pattern, '00PA66'))
-------------------------------运行结果-------------------------------
1 < re.Match object; span = (0, 4), match = '0PA6' >
2 None
3 None
4 None
```

## 11.2.4　数量匹配符号

用于描述指定字符（数量匹配符前面的一个字符）在该位置出现的次数，如表 11.4 所示。

表 11.4　　　　　　　　　　　数量符号

| 数量匹配符 | 描述 |
|---|---|
| 模式? | 模式出现 0 次或 1 次 |
| 模式* | 模式出现 0 次、1 次或多次 |
| 模式 + | 模式出现 1 次或多次 |
| 模式{n} | 模式出现 n 次 |
| 模式{n,} | 模式出现 n 次以上 |
| 模式{n, m} | 模式出现 n ~ m 次 |

**【例 11.7】** 身份证号验证

```
import re

id_ = " 12345678945612345"
pattern1 = '^[0-9]{18}$'              # 身份证的模式 1: 18 位数字
pattern2 = '^[0-9]{17}[xX]$'          # 身份证号模式 2: 17 位数字加 x, x 不区分大小写
if re.match(pattern1, id_) or re.match(pattern2, id_):
    print('合法 ID')
else:
    print('非法 ID')
-------------------------------运行结果-------------------------------
非法 ID
```

### 11.2.5 简化正则匹配符

简化正则匹配符可以用带反斜杠"\"的类似转义符的字符描述某个特定类型的字符，并搭配数量匹配符号。使用时建议使用 r - 字符串，简化正则匹配符如表 11.5 所示。

表 11.5 　　　　　　　　　　　　　简化正则匹配符

| 简化正则匹配符 | 描述 |
| --- | --- |
| \ A | 匹配开始边界，等价于"^" |
| \ Z | 匹配结束边界，等价于" $ " |
| \ d | 匹配一位数字，等价于"[0 - 9]" |
| \ D | 匹配一位非数字，等价于"[^0 - 9]" |
| \ s | 匹配任意一位空白字符，等价于"[ \ t \ n \ r \ f \ v]" |
| \ S | 匹配任意一位非空白字符，等价于"[^ \ t \ n \ r \ f \ v]" |
| \ w | 匹配任意一位字母（大小写）和数字、_，等价于"[a - zA - Z0 - 9_]"，亦可匹配中文字符 |
| \ W | 匹配任意一位非字母（大小写）和非数字、_，等价于 "[^a - zA - Z0 - 9_]"，亦可匹配非中文字符 |
| . | 表示匹配任意一位字符，若要准确匹配"."而不是任意字符，需要使用转义符，即" \ ." |

【例 11.8】简化正则匹配与数量匹配混合使用

```
import re

string1 = '\n  Ynufe\n'
string2 = '云南财经大学'
print(1, re.match(r'^\s + \w + \s + $', string1))
print(2, re.match(r'^\s + \w + \s + $', string2))
print(3, re.match(r'^\w + $', string1))
print(4, re.match(r'^\s* \w + \s* $', string2))
----------------------------------运行结果------------------------------------
1 < re.Match object; span = (0, 9), match = '\n  Ynufe\n' >
2 None
3 None
4 < re.Match object; span = (0, 6), match = '云南财经大学' >
```

### 11.2.6 正则表达式或运算

有时我们认可一个字符串的多种格式，可以使用或运算将多个正则表达式写到一起，字符串只要能匹配到其中一个，就算匹配成功，如表 11.6 所示。

| 表 11.6 | 多正则表达式或运算 |
|---------|---------|
| 正则表达式 | 描述 |
| （正则表达式 1） \| （正则表达式 2） \| （正则表达式 3）… | 匹配成功其中一个正则表达式即可，每个正则表达式需要用 "（ ）"括住，"\|"两边不能有空格 |

**【例 11.9】身份证号验证**

```python
import re

id_ = '12345678901234567x'                  # 编写一个身份证号
pattern = '(^[0 - 9]{18} $)|(^[0 - 9]{17}[xX] $)'   # 身份证号的两种格式
if re.match(pattern, id_):                    # 如果格式正确
    print('合法 ID')                          # 打印"合法输入"
else:                                         # 否则（身份证号格式不正确）
    print('非法 ID')                          # 身份打印错误信息
--------------------------------- 运行结果 ----------------------------------
合法 ID
```

## 11.3　正则分割字符串

　　字符串有 split 方法，可以按照指定的分隔符将字符串分割成若干子串，re 模块也有类似函数可用，区别在于此时的分隔符是一个正则表达式（不能含有边界符）。

> re.split(pattern, string, maxsplit = 0, flags = 0)

- 功能：将字符串 string 中符合 pattern 模式的子串作为分隔符分隔 string。
- pattern：str，匹配模式，符合模式的所有子串将被作为分隔符使用。不能使用"^…$"，也不能使用"()|()"设置多种匹配模式。
- string：str，要进行分割的字符串。
- maxsplit：int，分割次数，最多进行几次分割。默认值 0，表示匹配到多少个分隔符就分割几次。
- flags：标志位，默认为 0，同 re.match 中的 flag。
- return：list，分割完成的字符串列表，若没有满足 pattern 的分隔符，则列表中只有一个字符串，即原字符串。

**【例 11.10】使用 re.split 分割字符串**

```python
import re

string = 'abc  de    fg   h'                  # 字母组合以空格分隔,但数量不定
```

```
s = re.split(r'\s+', string)
print(s)
```
------------------------------------运行结果------------------------------------
```
['abc', 'de', 'fg', 'h']
```

# 11.4 re.Pattern 类

re.Pattern 类（简称 Pattern 类）的实例化对象存储了一个特定的正则表达式 pattern，通过该对象即可对字符串进行基于 pattern 的正则匹配。使用方式与前文介绍的 re 中的方法基本一致，只是此时需要一个具体的 Pattern 对象调用方法，而不再是调用函数。

## 11.4.1 re.Pattern 类构造方法

➤ re.compile(pattern, flags=0)：构造 re.Pattern 类实例化对象。

- pattern：str，匹配模式（具体字符串或正则表达式）。
- flags：标志位，默认为 0，为该对象后续匹配方法统一设置标志位。
- return：一个指定了正则表达式 pattern 的 re.Pattern 类对象。

## 11.4.2 re.Pattern 类常用方法

re.Pattern 类常用方法见表 11.7。

表 11.7 re.Pattern 类常用方法

| 方法签名 | 说明 |
| --- | --- |
| re.Pattern.match(string, pos=0, endpos=…) | 等价于 re.match(pattern, string[pos: endpos]) |
| re.Pattern.search(string, pos=0, endpos=…) | 等价于 re.search(pattern, string[pos: endpos]) |
| re.Pattern.findall(string, pos=0, endpos=…) | 等价于 re.findall(pattern, string[pos: endpos]) |
| re.Pattern.split(string, maxsplit=0) | 等价于 re.split(pattern, string[pos: endpos]) |

其中参数 endpos 为 int，默认为 9223372036854775807。

【例 11.11】使用 Pattern 对象匹配

```
import re

regex1 = re.compile(r'^ynufe\d + $')        # 字符串格式为 ynufe + 数字或空字符
regex2 = re.compile(r'ynufe\d + ', re.I)     # 同 regex1，但忽略大小写，无 ^ $
print(1, regex1.match("YNUFE1"))             # 区分大小写，匹配失败
print(2, regex2.match("YNUFE2"))             # 忽略大小写，匹配成功
print(3, regex1.match("1ynufe3", 1))         # 局部匹配，由于使用了 ^ $，本代码无效
print(3, regex2.match("1ynufe3", 1))         # 局部匹配，由于无 ^ $，匹配成功
----------------------------------- 运行结果 -----------------------------------
1 None
2 < re.Match object; span = (0, 6), match = 'YNUFE2' >
3 None
3 < re.Match object; span = (1, 7), match = 'ynufe3' >
```

## ▲ 11.5 习题

1. 边界匹配符 "^ $ " 表示什么？

2. 给出下列匹配要求的正则表达式：
   (1) 匹配非负整数。
   (2) 匹配浮点数。
   (3) 匹配整数。
   (4) 匹配电子邮箱格式。
   (5) 匹配中国手机号码（区号 +86 可以有也可以缺省）。
   (6) 匹配标识符命名规则。

3. 实现一个函数 strip_all(text: str)，将 text 中的所有空白字符清除后返回。例如，text = " 我 在　这里 学习"，strip_all (text) 结果为 "我在这里学习"。

4. 实现一个函数 parse_digit(string)，功能为判断字符串 string 中的内容是否是数字（int 或 float，正负均可）。如果是，将 string 转换成对应的数值对象返回，否则返回 None。例如：parse_digit("0.1")结果为 0.1，parse_digit("apple")结果为 None。

# 第 12 章
## 进阶内容初步

### 12.1 time 模块

time 模块是 Python 内置的日期时间管理模块，其内部定义有时间元组、时间戳、格式化字符串三种日期保存结构，需要 import 导入后才能使用。关于 time 模块中的时间，我们需要了解以下概念。

（1）时间戳（timestamp）：表示时间自 1970 年 1 月 1 日 00 时 00 分 00 秒起过了几秒。如 1970 年 1 月 1 日 00 时 01 分 00 秒的时间戳为 60。

（2）时间元组（struct_time）：用于保存日期数字的元组结构。

（3）格式化时间（format time）：利用格式化标记提高日期时间的可读性，见表 12.1。

表 12.1　　　　　　　　　　常用日期格式化标记

| 格式化标记 | 描述 | 格式化标记 | 描述 |
| --- | --- | --- | --- |
| %a | 星期数简写，Mon - Sun | %A | 星期数全写，Monday - Sunday |
| %b | 月份简写，Jan - Dec | %B | 月份全写，January - December |
| %H | 24 小时制小时，00 - 23 | %I | 12 小时制小时，01 - 12 |
| %r | 输出 12 小时制时间，如 09：15：32 PM | %T | 输出 24 小时制时间，如 21：15：30 |
| %S | 秒，如 00 - 59 | %d | 一个月中的第几天，01 - 31 |
| %m | 月份数字，范围 01 - 12 | %M | 分钟数字，范围 00 - 59 |
| %y | 年份最后两位 | %Y | 完整年份 |
| %c | 简写星期、月份、日、时 | %D | 短时间格式输出，如 12/02/87（月/日/年） |

本教程仅简单介绍 time 模块中的 4 个函数，见表 12.2，更多内容可查阅文档
或相关教程。

表 12.2                                    time 模块部分函数

| 函数签名 | 说明 |
|---|---|
| time.time() | 获取当前时间戳 |
| time.localtime(secs = None) | 根据时间戳 secs 构造时间元组，默认为当前时间戳 |
| time.sleep(secs) | 休眠 secs 秒 |
| time.strftime(format[, t]) | 将时间元组 t 根据格式化时间 format 生成时间字符串 |

【例 12.1】记录程序执行时间

```
import time

start = time.time()                                    # 起始时间戳
a = 0
for i in range(0, 999999):
    a += 1
end = time.time()                                      # 结束时间戳
print(f'The program costed {end - start} seconds')     # end - start 即执行时间
----------------------------------运行结果----------------------------------
The program costed 0.09457826614379883 seconds
```

【例 12.2】时间的格式化表示

```
import time

f = time.localtime()
print(1, time.strftime('% c', f))                      # 使用格式% c
print(2, time.strftime('% D', f))                      # 使用格式% D
print(3, time.strftime('% Y -% m -% d -% H -% M -% S', f))   # 自定义格式
----------------------------------运行结果----------------------------------
1 Sat Jul 29 00:15:31 2023
2 07/29/23
3 2023 - 07 - 29 - 00 - 15 - 31
```

## ▲ 12.2    os 模块

标准库 os 为使用者提供了对操作系统进行操作的函数，需要使用 import 导
入。本教程仅介绍 os 模块的几个常用的常量和函数，更多内容见 Python 内置文档

或其他教程。os 模块常用成员见表 12.3，表中所有函数参数均为表示路径（绝对路径和相对路径均可）的字符串。

表 12.3 os 常用成员

| 成员 | 描述与返回值类型 | 成员 | 描述与返回值类型 |
|---|---|---|---|
| os.sep | str，路径分隔符 | os.rmdir(path) | 删除文件夹 path |
| os.getcwd() | 获得当前活动目录 (str) | os.rename(src, dst) | 将文件 src 重命名为 dst |
| os.chdir(path) | 更改当前活动目录为 path | os.path.isfile(path) | 判断 path 是不是一个文件 |
| os.listdir(path = '.') | 获取 path 下的所有文件名 (list) | os.path.isdir(path) | 判断 path 是不是一个文件夹 |
| os.mkdir(path) | 创建 path 的目录（文件夹） | os.path.getsize(path) | 文件 path 的大小（字节） |
| os.remove(path) | 删除 path（不能是文件夹） | os.path.exists(path) | 判断路径 path 是否存在 |

其中 os.rename 函数还具有移动文件的功能。例如，将 C 盘下的 a.jpg 移动到 E 盘，并重命名为"b.jpg"，可使用语句"os.rename (r'D:\a.jpg', r'E:\b.jpg')"。

## 12.3 函数闭包

闭包是一种高阶函数，可以实现函数自动定义，是装饰器的基础。从形式上看闭包具有以下特点：(1) 在外部函数的内部定义一个内部函数；(2) 内部函数中需要引用外部函数中的对象；(3) 外部函数的返回值是内部函数对象。

【例 12.3】直线方程函数闭包，通过函数 line(a, b) 定义

```
def line(a, b):
    """
    定义一个直线方程函数,计算直线方程 y = a * x + b
    :param a: digit, 直线方程系数(斜率)a
    :param b: digit, 直线方程的截距 b(与 y 轴交点的 y 坐标)
    :return: function 对象,指定了系数和截距的直线方程函数,可以根据传入的 x 计算对应的 y 值
    """
    def line_value(x):
```

```
    """
    函数 line 的内部函数 line_value,通过函数 line 设置直线方程的斜率和截距,
    然后获得一个特定的直线方程函数
    :param x: digit, 直线方程 y = a * x + b 中的自变量值 x
    :return: 方程 y 值,即 a * x + b
    """
        return a * x + b
    return line_value              # line 函数的返回值是根据 a 和 b 定义的 line_value 函数对象

line_2_0 = line(2, 0)              # 构造函数 line_2_0,对于直线方程 y = 2 * x
line_1_1 = line(1, 1)              # 构造函数 line_1_1,对于直线方程 y = x + 1
print(line_2_0(3))                 # 计算直线 y = 2 * x 上横坐标为 3 的点的纵坐标(6)
print(line_1_1(3))                 # 计算直线 y = x + 1 上横坐标为 3 的点的纵坐标(4)
-------------------------------运行结果-------------------------------
6
4
```

## 12.4  dataclass 装饰器

装饰器 dataclass 需要导入内置的 dataclasses 模块使用。该装饰器可以装饰一个类,并为其自动覆写__init__和__repr__（字符串表示）等魔法方法,可以用于生成一个特殊的有属性名字的序列类。本教程仅介绍该装饰器最基本的使用方式。

【例 12.4】使用 dataclass 装饰器定义二维直角坐标系中的点类 Point

```
from dataclasses import dataclass          # 从 dataclasses 中导入 dataclass

@dataclass
class Point:                                # 用 dataclass 装饰类 Point
    x: int | float                          # 点的 x 坐标,直接定义属性名和类型
    y: int | float                          # 点的 y 坐标,直接定义属性名和类型

# 构造三个 Point 对象,属性可以使用位置参数按定义的顺序传入,也可以使用关键字参数
p1, p2, p3 = Point(1, y=2), Point(1, 2.0), Point(1, 0.1)
print(1, p1)                                # 直接打印 p1
print(2, p1.x, p1.y)                        # 使用“.”访问对象的属性 x 和 y
print(3, p1 == p2)                          # 判断 p1 和 p2 是否相等
print(4, p1 == p3)                          # 判断 p1 和 p3 是否相等
p1.y = 3                                    # 修改 p1 的 y 属性
print(5, p1)                                # 再次打印 p1
-------------------------------运行结果-------------------------------
```

```
1 Point(x =1, y =2)
2 1 2
3 True
4 False
5 Point(x =1, y =3)
```

可知我们定义的 Point 类可以像平时的自定义类那样使用，且自动实现了很多魔法方法，包括__eq__方法，其规则是进行"=="运算的两个 Point 对象的 x 和 y 必须对应相等。而其字符串描述则为"类名(attr1 = val1, attr2 = val2, ⋯)"。另外，dataclass 装饰器也可以传入参数，本教程仅介绍关键字参数 frozen: bool，表示是否冻结属性，默认 False，若设置为 True，则该类的实例化对象的属性一经赋值，其指向的地址（引用）便不能再改变。

【例 12.5】不能修改的 Point 类

```
from dataclasses import dataclass

@dataclass(frozen = True)                          # 是否冻结属性,选择 True
class Point:
    x: int | float
    y: int | float

p = Point(x =1, y =2)
p.x = 3                                            # 此时该操作是非法的
---------------------------------运行结果 -----------------------------------
dataclasses.FrozenInstanceError: cannot assign to field 'x'
```

注意：为了避免混乱，不建议 dataclass 装饰的类具有可变的属性。且为属性标注类型时，合并运算"|"仅适用于 Python 3.10 及更高的版本。

## ◤ 12.5  结构化模式匹配（条件多分支结构）

Python 3.10 引入了结构化模式匹配，引入了半关键字 match 和 case。半关键字即只有在特定的格式下才会被当作关键字处理，自定义标识符时可以与之冲突。

```
match pattern :
    case pattern1 :
        block1
    case pattern2 if exp2 :
        block2
    ...
    case _ :
        block_
```

- **match**：后接要进行匹配的对象。
- **pattern1，pattern2**：匹配的值或模式，支持 dataclass。
- **case**：要匹配的模式，Python 会按顺序匹配每一个 case 对应的模式，如果与某一个 case 引导的模式相匹配，则执行该 case 引导的代码块并跳过后续所有的 case。如果 case 后的模式是一条下划线"**_**"，该 case 必须设置为最后的 case，表示前面的 case 引导的模式均未能匹配时，则执行 case _: 引导的代码块。case _: 可缺省。
- **if**：在 case 引导的模式之后，用于指定额外的判断条件，被称作 guard。

**【例 12.6】** 根据分数匹配等级

某项考试只给出三个分数，1，2 和 3。其中 1 表示差，英文字母为 C，2 表示中，对应 B，3 表示优，对应 A。如果给定的分不是上述三个分数，则打印错误提示。

```
rank = 2                        # 给定的分数
match rank:                     # 将给定的分数用于后续分支的匹配
    case 1:                     # 如果是 1
        print('C')             # 打印 C
    case 2:                     # 如果是 2
        print('B')             # 打印 B
    case 3:                     # 如果是 3
        print('A')             # 打印 A
    case _:                     # 如果都没有匹配上
        print('错误的输入')      # 提示错误
--------------------------------- 运行结果 ---------------------------------
B
```

**【例 12.7】** 添加 guard，判断一个点在二维直角坐标系中的第几象限

```
point = (1, 2)                  # 给定一个点
match point:                    # 对 point 进行分支匹配
    case (x, y) if x > 0 and y > 0:   # 模式是元组(x, y),添加 if 对 x 和 y 的值进行判断
        print('第 1 象限')
    case (x, y) if x < 0 and y > 0:
        print('第 2 象限')
    case (x, y) if x < 0 and y < 0:
        print('第 3 象限')
    case (x, y) if x > 0 and y < 0:
        print('第 4 象限')
    case _:
        print('在坐标轴上')
--------------------------------- 运行结果 ---------------------------------
第 1 象限
```

▶◢ **12.6 习题**

1. 简述时间戳的概念。

2. 如何把时间戳转换为时间元组？

3. time 模块中的 sleep 函数有什么作用？

4. 编写函数 create_path (path)，path 表示一个目录的相对路径（"demo \ tmp \ data"），如果 path 描述的路径不存在，则逐级完成该路径中所有文件夹的创建。如果 path 存在，打印提示信息。

5. 编写函数 copy_file(src: str, dst: str, new_name: str = None)，将路径 src 表示的文件复制到目录 dst（假设各级目录均存在）中，new_name 为复制后的名称，或为 None，则表示保留原文件名。

6. 使用闭包实现求 $ax^2 + bx + c$ 函数值的函数 quadra(a, b, c, x)的闭包包装。

第 **13** 章
## 网络爬虫基础

网络爬虫是 Python 的主要运用之一，作用是通过 Python 程序实现对网页数据的自动化抓取。在学术研究、智能机器人训练数据的获取、搜索引擎等领域都经常使用到。

## 13.1 requests 发送请求

Requests 是由 Python 的 urllib3 封装而成的三方库（包），使用更为简洁方便，本教程使用 requests 版本 2.26.0，需要使用 pip 安装，命令如下。

```
pip install requests
```

### 13.1.1 发送请求

常用的请求方法有 get 和 post。其中 get 请求会将请求参数添加到请求链接中，在涉及隐私数据时不能使用，而 post 则不会。

- ➢ requests.get(url, params = None, headers = None, **kwargs)：发送 get 请求。
- ➢ requests.post(url, data = None, json = None, **kwargs)：发送 post 请求。
- • url：str，要发送 get 请求的目标 url（网址、域名）。
- • params：dict，发送的请求中的请求参数（query string 中）的内容，其中 key 和 value 均为字符串。

- headers：dict，HTTP 请求的 headers 信息，其中 key 和 value 均为字符串。
- data：dict，发送的请求体中的参数（request body 中）的内容，其中 key 和 value 均为字符串，对应 post 请求。
- **kwargs：
  - cookies：dict 或 RequestsCookieJar，指定请求首部信息中 Cookies 信息，用于申请网站的 cookies。若为 dict，格式为 {"p1": "v1", "p2": "v2" …}
  - timeout：float，发送请求后的等待时间（秒），超时则放弃此次请求。
- return：requests.Response 对象，存储了此次请求后收到的响应信息。

注意每次请求发送后，应该使用 time.sleep 函数休眠几秒，避免对服务器产生过大的负担。因为解析网页的速度很快，但响应很慢，频繁请求会导致服务器过载甚至宕机等严重后果。

### 13.1.2 接收响应（Response）

requests.get 和 requests.post 函数都会返回一个 requests.Response 类（下文简称 Response 类）的实例化对象。Response 对象存储有本次请求发送后获得的响应信息，其主要成员见表 13.1，其中我们需要重点关注的是 text 和 encoding 这两个属性。

表 13.1                            Response 的主要属性

| 常用属性 | 类型 | 描述 |
|---|---|---|
| content | 属性 | 响应信息内容，bytes 类，处理中文时若字符编码格式不正确可能会有乱码 |
| text | 属性 | 响应信息内容，字符串 |
| encoding | 属性 | 目标网页的编码方式，若网页未设置 charset，则为"ISO-8859-1" |
| headers | 属性 | requests.structures.CaseInsensitiveDict 对象，存储响应的首部信息 |
| url | 属性 | 响应来源的 url |
| status_code | 属性 | 整型，响应的状态码。200 表示正常，4 和 5 开头的状态码表示有异常 |

注意：我们可以使用 http://httpbin.org/get 或 http://httpbin.org/post 分别测试 get 或 post 请求，这两个测试网页都会完整显示请求的 Headers 信息。

【例 13.1】 发送 get 请求的基本流程（访问云南财经大学官网）

```
import requests

url = "http://www.ynufe.edu.cn"                    # 请求的地址
response = requests.get(url)                        # 发送请求并接收响应
if response.status_code == 200:                     # 如果得到的响应正常
    response.encoding = 'utf-8'                     # 修改字符编码
    html = response.text                           # 获取网页源码
    print(html)                                    # 显示网页内容
--------------------------------- 运行结果 ---------------------------------
略：网站的 HTML 源码
```

本例中，如果响应对象的状态码是 200（即正常响应），则设置响应内容的字符编码为 UTF-8（根据网页的字符编码而定，当前网站使用的主流字符编码为 UTF-8）。通过 text 属性获得网页的源码（str），并将其打印。

【例 13.2】 发送 post 请求的基本流程（访问 post 测试网页）

发送 post 请求时，需要把要提交的表单信息以字典的形式传递给参数 data，如用户名和密码。然后传递的表单数据在 post 请求的 Headers 中的 "form" 里。

```
import requests

data = {'name': 'ynufe', 'password': '1234'}       # post 请求的表单参数
url = 'http://httpbin.org/post'
response = requests.post(url, data=data)           # 设置 data 参数
print(response.text)
--------------------------------- 运行结果 ---------------------------------
"form": {
    "name": "ynufe",
    "password": "1234"
  }
```

## 13.1.3 User – Agent 伪装

Python 发送请求时，header 信息中的 User-Agent 是 Python-requests，多数网站见到这个请求客户端都会开始进行终端人机识别验证，或直接拒绝。因此，通常我们都需要修改这个参数，即伪装我们的客户端。本教程使用三方库 fake_useragent 完成，该包需要使用 pip 命令安装（1.1.1 版本），命令如下。

```
pip install fake_useragent
```

不同的浏览器的 User – Agent 参数会有所不同，fake_useragent 中的

UserAgent 类的对象存储了不同浏览器的 User-Agent 信息。主要属性包括：ie，chrome，opera，firefox，safari，edge 和 random。

**【例 13.3】** 完整的 get 请求流程

```
import requests
from fake_useragent import UserAgent

url = "http://www.ynufe.edu.cn"                    # 请求的地址
ua = UserAgent()                                   # 构造 UserAgent 实例化对象 ua
headers = {'User-Agent': ua.random}                # 将 ua.random 作为 User-Agent 的值传入
response = requests.get(url, headers = headers)     # 发送请求并接收响应
if response.status_code == 200:                    # 如果得到的响应正常
    response.encoding = 'utf-8'                    # 修改字符编码
    html = response.text                          # 获取网页源码
    print(html)                                   # 显示网页内容
-------------------------------运行结果-------------------------------
略:网站的 HTML 源码
```

## ◢ 13.2 BeautifulSoup 解析网页

BeautifulSoup 是一个 HTML/XML 的解析器，主要用于解析和提取 HTML/XML 数据。BeautifulSoup 属于第三方库，需要 pip 安装，对应的三方库为 bs4，且 lxml 解析器基于 lxml，使用 pip 安装 bs4 和 lxml 即可，命令如下。

```
pip install lxml
pip install bs4
```

bs4 库常通常只使用到 BeautifulSoup 类，因此一般使用 from 导入，代码如下。

```
from bs4 import BeautifulSoup
```

本节内容涉及 BeautyfulSoup 类对象（以下简称 BS）和 bs4.element.Tag 类对象（简称 Tag），且 BS 类是 Tag 类的子类，且 Tag 也可以使用 BS 的 find 和 find_all 方法。

- ➢ BeautyfulSoup.find(name = None, attrs = None, string = None)
- ➢ BeautyfulSoup.find_all(name = None, attrs = None, string = None)
- name：str，要查找的标签节点的名称，如' html'，默认 None。
- attrs：dict，指定标签中的属性值，属性和值均为字符串，如 {'id':

'12'} 即查找属性 id = "12" 的标签, 默认为空字典, 即无参数要求。

- string: re.Pattern 对象, 即查找文本内容 (如 < body > 文本 < /body > 中的 "文本" 二字) 符合该正则表达式的标签, 若只设置了该参数, 返回值是储存元素为符合正则表达式的所有字符串的列表。

- 以上所有条件之间是与的关系, 如果参数使用默认值, 表示对该条件没有限制。

- return:

  - find 方法: bs4.element.Tag (简称 Tag) 对象, 符合条件的第一个标签。

  - find_all 方法: bs4.element.ResultSet 对象, 类似列表, 元素的类型为 Tag, 即符合条件的所有标签 (包含其子标签)。

  - 如果只使用了 string 参数, 则返回符合正则表达式要求的第一个或全部字符串。

为了学习便利, 我们可以使用自定义的 html 文件学习网页的解析。自建一个 html 文件解析, 文件名 "to_parse.html", 文件内容如下。

```html
< html lang = "en" >
    < head >
        < meta charset = "UTF - 8" >
        < title > To_Parse < /title >
    < /head >
    < body >
        < div class = "panel" >
            < div class = "panel - heading pre" >
                < h4 >网络 < h5 >数据采集 < /h5 >与处理 < /h4 >
            < /div >
            < div class = "panel - body main" >
                < ul class = "list" id = "list - 1" >
                    < li class = "info" > 云南财经大学   < /li >
                    < li class = "info" >统计与数学学院 < /li >
                    < li class = "info" >  小平  老师    < /li >
                < /ul >
                < ul class = "list" id = "list - 2" >
                    < li class = "info" > < a href = "https://www.ynufe.edu.cn/" >云财 < /a > < /li >
                    < li class = "info" > < a href = "https://www.ynufe.edu.cn/pub/tsxy/" >统
数 < /a > < /li >
                < /ul >
            < /div >
```

```
        </div>
    </body>
</html>
```

在 `to_parse.html` 所在目录中新建一个脚本 `demo.py`，并在该模块中演示网页的解析。

【例 13.4】 根据标签名 name 参数查找（find_all）

```
from bs4 import BeautifulSoup

with open('to_parse.html', encoding = 'utf - 8') as file:        # 读取 html 页面
    html = file.read()

bs = BeautifulSoup(html, 'lxml')                                 # 实例化 BeautifulSoup 对象
uls = bs.find_all(name = 'ul')                                   # 查找所有 ul 标签
for index in range(0, len(uls)):                                 # 打印每一个查找结果
    print(index, uls[index])
    print(' -------------------')
# 取出 uls 中的第一个标签，进一步查找该标签下的所有 li 标签，并取出其中的第 2 个
tag = uls[0].find_all(name = 'li')[1]
print(tag.text)
-----------------------------------运行结果 -----------------------------------
0 < ul class = "list" id = "list - 1" >
< li class = "info" > 云南财经大学 </li >
< li class = "info" >统计与数学学院 </li >
< li class = "info" >  小平 老师   </li >
</ul >
-----------
1 < ul class = "list" id = "list - 2" >
< li class = "info" > < a href = "https://www.ynufe.edu.cn/" >云财 </a > </li >
< li class = "info" > < a href = "https://www.ynufe.edu.cn/pub/tsxy/" >统数 </a > </li >
</ul >
-----------
统计与数学学院
```

可知 BS 对象找出了全部的 ul 标签及其子标签。另外，查找到的 Tag 对象同样具有 find 和 find_all 方法，区别在于 BeautifulSoup 对象存储了完整的 html 源码，而 Tag 对象只是存储了查找到的标签及其子标签的内容。

【例 13.5】 根据标签的属性 attrs 查找节点（find_all）

```
from bs4 import BeautifulSoup

with open('to_parse.html', encoding = 'utf - 8')as file:  # 读取 html 页面
    html = file.read()
```

```
bs = BeautifulSoup(html, 'lxml')                          # 实例化 BeautifulSoup 对象
uls = bs.find_all(name = 'ul', attrs = {'id': 'list - 1'}) # 查找所有 ul 标签(id 属性为 list - 1)
for index in range(0, len(uls)):                          # 打印每一个查找结果
    print(index, uls[index])
    print(' -----------')
-------------------------------- 运行结果 --------------------------------
0 < ul class = "list" id = "list - 1" >
< li class = "info" > 云南财经大学 </li >
< li class = "info" >统计与数学学院 </li >
< li class = "info" >  小平 老师   </li >
</ul >
-----------
```

可知此时只查找到了一个标签及其子标签，因为 `name` 和 `attrs` 同时约束了条件。

【**例 13.6**】根据 `string` 查找符合条件的文本（`find`）

```
import re
from bs4 import BeautifulSoup

with open('to_parse.html', encoding = 'utf - 8')as file:   # 读取 html 页面
    html = file.read()

bs = BeautifulSoup(html, 'lxml')                          # 实例化 BeautifulSoup 对象
tag_1 = bs.find(string = re.compile("^统.+ $"))           # 查找第一个文本以"统"开头的字符串
tag_2 = bs.find(name = 'li', string = re.compile("^统.+ $")) # 查找第一个文本以"统"开头的 li 标签
print('tag_1:', tag_1)
print('tag_2:', tag_2)
-------------------------------- 运行结果 --------------------------------
tag_1: 统计与数学学院
tag_2: < li class = "info" >统计与数学学院 </li >
```

查找 `tag_1` 时，仅使用了 `string` 参数，因此结果是一个字符串文本。而查找 `tag_2` 时，同时使用了 `name` 和 `string` 参数，此时得到的结果是一个 `Tag` 对象。因此在使用 `string` 参数时要格外小心，必须明确想要查找的结果是文本还是标签。

## ◣ 13.3　Selenium 爬虫

### 13.3.1　Selenium 的安装

`Selenium` 是一个浏览器自动化测试工具，能够模拟浏览器的行为，如输入文

本、点击页面等，支持 Chrome 等主流浏览器。Selenium 可方便实现 Web 界面的测试，直接获取渲染过的页面。需要使用 pip 安装，本章使用版本 4.1.0，命令如下。

```
pip install selenium
```

Selenium 调用浏览器需要下载一个 webdriver 驱动，例如，Chrome 对应的插件是 chromedriver，下载和安装过程为：

(1) 访问 https://registry.npmmirror.com/binary.html?path=chrome-for-testing/

(2) 下载对应自己 Chrome 版本和操作系统的 chromedriver 压缩包。

(3) 将下载的压缩包解压，把 chromedrive.exe 存放至 Python 安装的根目录，即与 python.exe 文件同一目录即可。

## 13.3.2  WebDriver

实例化浏览器对象，需要使用 WebDriver，通常使用 from 导入，Chrome 浏览器的 WebDriver 对象构造方法如下。

```
from selenium import webdriver

browser = webdriver.Chrome()                          # Chrome 浏览器
```

生成的对象为 selenium.webdriver.chrome.webdriver.WebDriver 类对象，后面统一简称为 WebDriver。常用属性和方法见表 13.2。

表 13.2                    WebDriver 常用方法与属性

| 方法或属性 | 类型 | 描述 |
|---|---|---|
| get(url) | 方法 | 通过浏览器打开某页面 |
| page_source | 属性 | 字符串，当前标签页渲染完成的源码 |
| close() | 方法 | 关闭当前标签页 |
| quit() | 方法 | 关闭浏览器 |
| current_url | 属性 | 当前标签页的 URL |
| window_handles | 属性 | 字符串列表，当前浏览器打开的所有标签页 |
| witch_to.window(window_name) | 方法 | 将当前活动标签页切换为指定的标签页(window_name) |
| refresh() | 方法 | 刷新当前活动标签页 |
| maximize_window() | 方法 | 浏览器窗口最大化 |
| set_window_size(width, height) | 方法 | 以像素为单位设置浏览器窗口大小 |
| find_element (by = 'id', value = None) | 方法 | 根据 by 搜索符合条件的第一个 Webelement 对象 |
| find_elements(by = 'id', value = None) | 方法 | 根据 by 搜索符合条件所有 WebElement 对象。 |

在使用 WebDriver 查找标签时，会涉及参数 by，该参数有两种取值方式，使用特定字符串或 By 类对象中定义的常量。导入 By 的语句如下。

```
from seleniumwebdrivercommonby import By
```

by 参数对应的 By 常量和字符串值见表 13.3。

表 13.3　　　　　　　　　　　　By 的取值

| 序号 | by 的可取值（By 常量） | By 对应字符串 | 描述 |
|---|---|---|---|
| 1 | By.NAME | 'name' | 根据标签的 name 值搜索标签 |
| 2 | By.ID | 'id' | 根据 id 值搜索标签 |
| 3 | By.XPATH | 'xpath' | 根据 xpath 搜索 |
| 4 | By.LINK_TEXT | 'link text' | 根据文本搜索 |
| 5 | By.PARTIAL_LINK_TEXT | 'partial link text' | 根据部分文本搜索 |
| 6 | By.TAG_NAME | 'tag name' | 根据标签名搜索 |
| 7 | By.CLASS_NAME | 'class name' | 根据 class 值搜索 |
| 8 | By.CSS_SELECTOR | 'css selector' | CSS 选择器搜索 |

【例 13.7】使用 selenium 查找标签（By 值）

```
from selenium import webdriver

browser = webdriver.Chrome()
url = 'https://www.ynufe.edu.cn/'
browser.get(url)
browser.maximize_window()                                    # 最大化窗口
# 查找文本含有"设置"的节点的文本
input1 = browser.find_element(by = 'partial link text', value = '设置')
print(input1.text)
-------------------------------- 运行结果 ------------------------------
机构设置
```

在运行上述代码时，selenium 会通过对应的驱动 driver 打开浏览器，完成响应的动作。

【例 13.8】使用 selenium 查找标签（By 常量）

```
from selenium import webdriver
from selenium.webdriver.common.by import By

browser = webdriver.Chrome()
url = 'https://www.ynufe.edu.cn/'
browser.get(url)
browser.maximize_window()
# 查找所有 class 属性是"list_box0"的标签
tags = browser.find_elements(By.CLASS_NAME, value = 'list_box0')
for data in tags:                                            # 打印结果（仅打印文本）
    print(data.text)
-------------------------------- 运行结果 ------------------------------
```

教职工
学生
访客

**【例 13.9】** 使用 selenium 获取源码，BeautifulSoup 解析网页

```
from selenium import webdriver
from bs4 import BeautifulSoup

browser = webdriver.Chrome()
url = 'https://www.ynufe.edu.cn/'
browser.get(url)
html = browser.page_source                          # 获取网页源码
bs = BeautifulSoup(html, 'lxml')                    # 构造 BS 对象
tags = bs.find_all(attrs = {'class': 'list_box0'})  # 查找标签
print(tags)
```
----------------------------------运行结果--------------------------------------
```
[ < div class = "list_box0" >
< div class = "li" >
< a href = "sf/jzg.htm" title = "教职工" >教职工 < /a > … 略]
```

### 13.3.3　WebElement 对象

WebDriver 查找到的标签数据类型为 WebElement，该对象支持表 13.4 中 WebDriver 的主要属性和方法，其他属性与方法见表 13.4。

表 13.4 　　　　　　　　　　　　WebElement 属性与方法

| WebElement 类成员 | 类型 | 描述 |
|---|---|---|
| text | 属性 | 获取文本 |
| id | 属性 | 获取 id |
| location | 属性 | 获取位置 |
| tag_name | 属性 | 获取标签名 |
| size | 属性 | 获取大小 |
| get_attribute(name) | 方法 | 取出特定属性 name 的值 |
| send_keys(*value) | 方法 | 向元素输入字符数据（用于搜索框等） |
| clear() | 方法 | 清空输入的数据 |
| click() | 方法 | 完成点击操作，触发 onclick 事件 |

【例13.10】 WebElement 对象属性

```
from selenium import webdriver

browser = webdriver.Chrome()
url = 'http://www.ynufe.edu.cn/'
browser.get(url)
element = browser.find_element(by = 'tag name', value = 'form')    # 查找第一个 form 标签
print(1, element.get_attribute('class'))                           # 取出 class 属性值
print(2, element.tag_name)                                         # 取出标签名
print(3, element.location)                                         # 取出位置
print(4, element.size)
---------------------------------运行结果---------------------------------
1 header - search
2 form
3 {'x': 1447, 'y': 80}
4 {'height': 40, 'width': 313}
```

【例13.11】 使用 WebElement 在百度中搜索页面

在百度中搜索"云南财经大学"的过程为：（1）点击搜索框并输入"云南财经大学"。（2）点击搜索框旁的百度一下。Selenium 也可以完成这个过程，代码如下。Xpath 表达式见13.3.5节。

```
from selenium import webdriver

op = webdriver.ChromeOptions()                                    # 构造 Chrome 选项对象
op.add_experimental_option("detach", True)                        # 设置程序结束时不关闭浏览器
browser = webdriver.Chrome(options = op)                          # 构造浏览器对象时传入选项
url = 'https://www.baidu.com/'
browser.get(url)                                                  # 打开网页
tag = browser.find_element(by='xpath', value='//*[@id = "kw"]')   # 取出搜索框元素
tag.send_keys("云南财经大学")                                       # 输入文本
button = browser.find_element(by='xpath', value='//*[@id = "su"]') # 查找百度一下按钮
button.click()
```

## 13.3.4　注入 JavaScript 语句

WebDriver 可以注入 JavaScript，方法为：

➢ WebDriver. execute_script(driver_command)

- driver_command：str，要执行的 JavaScript 语句。

【例13.12】浏览器滚动函数（通过 scroll_times 次滚动将浏览器滚动到最

下方，每次滚动的时间间隔为 sleep_secs 秒，其中 browser 是一个 WebDriver 对象）

```
def scroll(browser, sleep_secs = 2, scroll_times = 10):
    import time
    # 构造一个通用滚动 javascript 语句的格式化字符串
    js = 'document.documentElement.scrollTop = ' + \
         'document.documentElement.scrollHeight * {top} '
    # 页面向下滚动
    for i in range(1, scroll_times + 1):
        time.sleep(sleep_secs)                               # 停留 sleep_secs 秒
        top = i / scroll_times
        browser.execute_script(js.format (top = top))       # 执行 javascript 语句
```

### 13.3.5　Xpath

XPath 即 XML 路径语言（Xml Path Language），用于确定 XML 文档中部分节点位置的语言。Selenium 支持通过 Xpath 查找节点。Xpath 基本表达式见表 13.5。

表 13.5　　　　　　　　　　　　Xpath 表达式

| 表达式 | 说明 |
| --- | --- |
| 节点名称 | 选取此节点名称的所有子节点 |
| / | 从根节点开始选取直接子节点，相当于绝对路径 |
| // | 从当前节点选取后代节点，相当于相对路径 |
| . | 选取当前节点 |
| .. | 选取当前节点的父节点 |
| @ | 选取属性节点 |
| [ ] | 指定属性和值 |

例如，查找页面上 id 属性为 abc 的 div 元素：//div[@ id = 'abc']。另外我们也可以通过 Chrome 直接复制对应标签的 Xpath，而不用自己书写，流程见图 13.1。(1) 按 F12 键打开 Chrome 开发者工具。(2) 选中 Elements 选项卡。(3) 右击选中要提取 Xpath 的标签。(4) 移动光标至 copy。(5) 选择复制 Xpath。

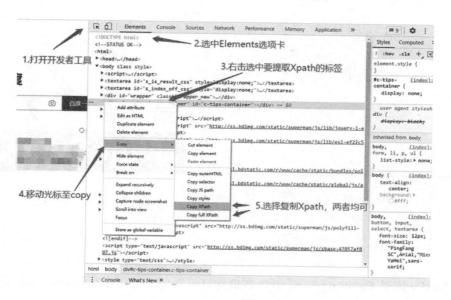

**图 13.1　Chrome 获取 Xpath**

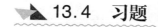

## 13.4　习题

1．网页标签的结构是怎样的？

2．网络爬虫需要遵循的原则有哪些？

3．参照〖例 13.4〗~〖例 13.6〗，自行实验获取案例网页中的任意标签。

NumPy 库是 Python 的一个开源数值计算扩展包，可用来存储和处理大型矩阵，且 NumPy 底层使用 C 语言编写，运行速度较快，通常使用 np 作为别名，需要使用以下命令安装。

```
pip install numpy
```

## 14.1 NumPy 文档的使用

本教程 NumPy 版本为 1.24.2，官网地址：https://numpy.org/。

进入 NumPy 官网，点击上方的 Documentation，然后点击上方菜单中的 API reference，即可进入在线文档，如图 14.1 所示。

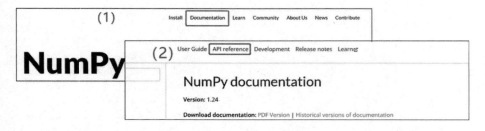

图 14.1 进入 NumPy 文档

文档网页左侧有很多选项卡，需要查阅的内容基本集中在 Routines 中。点击该选项后会展开相关内容，可以根据内容的分类查询需要的文档，同时支持搜索功能，如图 14.2 所示。

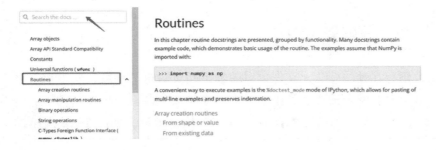

图 14.2　使用 NumPy 文档

## 14.2　Ndarray

数组对象 numpy.ndarray.（以下简称 ndarray），是类似列表的数组。但 ndarray 中所有数据必须是相同类型，且形状不能改变，如果是二维数组，其形状必须规则。本教程后续的函数说明中，将 numpy 的 ndarray、pandas 的 Series 以及 Python 内置的列表和元组统称为类数组（array-like），而将整型、浮点型及其相关扩展的数值类型称为标量（scalar）。

### 14.2.1　Ndarray 支持的数据类型

NumPy 官方文档中介绍了其内置的标量数据类型，可用于指定 ndarray 中的数据类型，常用的 NumPy 内置数值数据类型见表 14.1。

表 14.1　　　　　　　　　　NumPy 常用内置数值数据类型

| numpy.bool_ | numpy.int8 | numpy.int16 | numpy.int32 | numpy.int64 | numpy.uint8 |
|---|---|---|---|---|---|
| numpy.uint16 | numpy.uint32 | numpy.uint64 | numpy.float16 | numpy.float32 | numpy.float64 |
| numpy.float96 | numpy.float128 | numpy.complex64 | numpy.complex128 | numpy.complex192 | numpy.complex256 |

数据类型最后的数字表示该类型由几位二进制数表示，以 numpy.int8 为例，表示由 8 位二进制数描述的整数。而 uint8 表示无符号整数。复数后的数字表示复数的实部和虚部的浮点数精度。也可以直接使用 Python 内置的数据类型，转换关系为：布尔型 bool 对应 numpy.bool_，整型 int 对应 numpy.int32，float 对应 numpy.float64。而字符串等和自定义的类都会被转换为 object 类。

## 14.2.2　NumPy 中的轴（axis）

NumPy 中的数组存在轴的概念，首先数组的轴不超过数组的维度，一维数组只有一个轴，二维数组只有两个轴。本教程仅讨论一维和二维数组（矩阵）的轴。一个 n×m 的二维数组（矩阵）可以看作由 m 个 n 维列向量组成。如图 14.3 所示的 2*3 的二维数组。

$$a = \begin{bmatrix} 1 & 2 & 3 \\ 5 & 6 & 7 \end{bmatrix}$$

图 14.3　示例矩阵

0 号轴（axis = 0），表示矩阵的第一个维度，即行的方向，0 号轴的一切运算均针对行向量沿垂直向下进行。1 号轴，即 axis = 1，表示矩阵的第二个维度，即列的方向，1 号轴的一切运算均针对列向量沿水平方向进行。

以求平均值为例，介绍 0 号轴和 1 号轴的运算规则。在 0 号轴的方向运算，即以行向量为单位在垂直方向进行，相当于计算向量[1, 2, 3]和[5, 6, 7]对应位置的值的算术平均值，结果为 [(1 + 5)/2, (2 + 6)/2, (3 + 7)/2] = [3, 4, 5]。在 1 号轴方向求平均值，相当于以列向量为单位在水平方向进行，相当于计算列向量[1, 5]、[2, 6]和[3, 7]对应位置的值的算术平均值，结果为[(1 + 2 + 3)/3, (5 + 6 + 7)/3] = [2, 6]。对于一维数组，则只有 0 号轴，即数组中所有数据的算术平均值。本教程仅要求掌握一维数组参与计算时的情形，二维数组仅作为扩展知识。

## 14.2.3　ndarray 属性及构造

### 1. ndarray 主要属性

（1）shape：tuple，格式为(m, n)，m* n 矩阵，而(n,)表示长度为 n 的一维数组。

（2）size：int，数组中元素的数量。

（3）ndim：int，数组维度，一维向量 ndim = 1，二维矩阵 ndim = 2。

（4）dtype：数组中存储数据的类型。后续介绍的构造函数中的默认值为 numpy.float64。也可根据需要设置，如 int，numpy.int8 或 bool 等。

### 2. 常规 ndarray 构造函数

几种常规 ndarray 构造函数见表 14.2，其中部分参数说明如下：

- 表 14.2 中的构造函数的返回值均为一个 ndarray，故函数签名中不再标注。
- shape 可取二维类数组描述 ndarray 的形状［如(2, 3)表示 2 行 3 列］，也可取正整数表示特定长度的一维 ndarray。
- numpy.array 会自动识别 object 中的数据类型。
- numpy.eye 中 k = 0 表示主对角线，副对角线则 k 取正整数或负整数。

表 14.2                    常规 ndarray 构造函数

| 函数签名 | 说明 |
| --- | --- |
| numpy.array(object) | 根据类数组对象 object 构造 ndarray |
| numpy.zeros(shape, dtype = None) | 构造形状为 shape 且值全为 0 的 ndarray |
| numpy.ones(shape, dtype = None) | 构造形状为 shape 且值全为 1 的 ndarray |
| numpy.full(shape, fill_value, dtype = None) | 构造形状为 shape 且值全为 fill_value 的 ndarray |
| numpy.empty(shape, dtype = None) | 构造形状为 shape 的空值 ndarray |
| numpy.identity(n, dtype = None) | 构造 $n \times n$ 单位矩阵（二维 ndarray） |
| numpy.eye(N, M = None, k = 0, dtype = None) | 构造 $N \times M$ 对角矩阵（对角元素为1），k 为对角线序号，默认 $M = N$ |

【例 14.1】常规创建 ndarray

```
import numpy as np

x1 = np.array([0, 1, 2])
x2 = np.zeros(shape = 3)
x3 = np.empty(shape = 3)
x4 = np.full(shape = 4, fill_value = 2)
x5 = np.eye(2, k = 0)
print(f"x1: {x1}", f"x2: {x2}", sep = ', ')
print(f"x3: {x3}", f"x4: {x4}", sep = ', ')
print(f"x5: {x5}")
----------------------------------运行结果----------------------------------
x1: [0 1 2], x2: [0. 0. 0.]
x3: [3.65582223e + 233 5.82480550e + 252 5.04524857e + 223], x4: [2 2 2 2]
x5: [[1. 0.]
[0. 1.]]
```

### 3．特殊构造方法

（1）构造指定步长和范围的等差数组。

➤ numpy.arange (start, stop = None, step = 1, *, dtype = None)

- start：scalar，数组起始值，可选。若只传入 start 参数，即 stop = None 时，该参数会被当作 stop 处理，此时起始值为 0，终止值为 start。

- stop：scalar，数列终止值，必选，arange 给定的区间是 [start, stop)。

- step：scalar，步长，或公差，默认为 1。

- dtype：设置数据类型。

（2）构造指定区间和元素数量的等差数组或几何级数数组。

➤ numpy.linspace (start, stop, num = 50, endpoint = True, retstep = False, dtype = None, axis = 0)：等差数组（如 0, 1, 2, ⋯, n）。

➤ numpy.logspace(start, stop, num = 50, endpoint = True, base = 10. 0, dtype = None, axis = 0)：指定底数的几何级数数组（如 $10^0$, $10^1$, $10^2$⋯, $10^n$）。

➤ numpy.geomspace(start, stop, num = 50, endpoint = True, dtype = None, axis = 0)：不指定底数的几何级数数组（如 $a \cdot b^0$, $a \cdot b^1$, $a \cdot b^2$⋯, $a \cdot b^n$，其中 a 和 b 的计算规则为：$a \cdot b^0$ = start，$a \cdot b^n$ = stop）。

- start：scalar 或 array - like，数组起始值，geomspace 的 start 不能为 0。array - like 可理解为向量，维度与 stop 必须相同。

- stop：scalar 或 array - like，数组终止值，array - like 可理解为向量，维度与 start 必须相同。

- num：int，数组中元素的数量，默认 50。

- endpoint：bool，默认 True，表示 stop 是数组最后一个值，False 则不包括 stop。

- retstep：bool，linspace 函数参数，默认 False，若为 True，return 元组（ndarray, step），第一个元素为构造好的 ndarray，第二个元素为步长。

- base：scalar，logspace 函数参数，对数空间中几何级数的底数，默认为 10。

- dtype：设置数据类型。

- axis：int，默认 0，按照指定的 axis 方向生成数组。

**【例14.2】** ndarray 特殊构造

```
import numpy as np

x1 = np.arange(0, 4, dtype = int)
x2 = np.linspace(0, 2, num = 5)
x3 = np.logspace(0, 3, num = 4, base = 2, dtype = int)
x4 = np.geomspace(2, 18, num = 3)
print(f'x1: {x1}', f'x2: {x2}', sep = ', ')
print(f'x3: {x3}', f'x4: {x4}', sep = ', ')
--------------------------------运行结果--------------------------------
x1: [0 1 2 3], x2: [0.  0.5 1.  1.5 2. ]
x3: [1 2 4 8], x4: [ 2.  6. 18.]
```

## 14.2.4　ndarray 的索引和基本操作

### 1．索引

ndarray 的常规索引方式与列表和元组相同，索引号从 0 开始。但二维或多维 ndarray 有两种索引格式：

- array[row][col]：索引 row 行和 col 列的元素，该方法与列表和元组相同。
- array[row, col]：索引 row 行和 col 列的元素。
- 需要注意：如果要索引某一行，直接使用 array[row] 即可，但如果要取出某一列，需要使用第二种索引方法的切片，即 array[:, col]。

### 2．切片与成员判断

与 Python 中的序列类相同，ndarray 支持切片操作和关键字 in 的成员判断。

**【例14.3】** ndarray 切片和关键字 in 的使用

```
import numpy as np

array = np.array([0, 1, 2, 3])
x = array[1:]
print(x)
print(0 in x)
--------------------------------运行结果--------------------------------
[1 2 3]
False
```

### 3．ndarray 的运算

**(1) 数值运算。**

ndarray 重载了所有数值运算符，ndarray 的数值运算即对数组中对应每一个元素进行相应的数值运算。ndarray 的计算都不会改变原 ndarray，而是获得一个新的 ndarray 对象。

以加法运算为例，假设 a1 和 a2 是两个定义好的 ndarray，在 a 和 b 的 shape 相同时，运算规则为：

- x = a + n，结果为 ndarray，为 a 的对应每个元素加 n。
- x = a + b，结果为 ndarray，为 a 和 b 的对应的元素的和。
- 以此类推 " - " " * " " / " " ** " " % " 等。

**(2) 逻辑判断运算。**

- x = (a == b)，结果为 ndarray，每个元素为 a 和 b 的对应元素的 " == " 运算。
- x = (a > b)，结果为 ndarray，每个元素为 a 和 b 的对应元素的 " > " 运算。
- 以此类推 " >= " " < " " <= " 和 " != " 等。

**【例 14.4】** ndarray 基本运算

```
import numpy as np

a = np.array([1, 2, 3])
b = np.array([3, 0, 4])
print('a + 1:', a + 1)
print('a + b:', a + b)
print('a > b:', a > b)
print('a == b:', a == b)
---------------------------------运行结果---------------------------------
a + 1: [2 3 4]
a + b: [4 2 7]
a > b: [False  True False]
a == b: [False False False]
```

### 4．ndarray 常用操作方法

本教程仅介绍 ndarray 类的 4 个常用方法，见表 14.3。这些方法在 NumPy 中也有指定的函数可以完成相同的功能，区别在于 ndarray 的有些方法会改变该 ndarray 的元素（所有会改变原 ndarray 的 shape 属性的方法均不会改变原

ndarray），而 NumPy 提供的函数则通常不会改变操作的 ndarray，更多内容可查阅官方文档。

**表 14.3**                                   ndarray 常用操作方法

| 方法签名 | 说明 |
| --- | --- |
| ndarray.reshape(shape) | 根据 shape 构造一个 ndarray，并将原 ndarray 的元素填充进去 |
| ndarray.flatten() | 构造一个一维 ndarray，并将 ndarray 的元素填充进去 |
| ndarray.fill(value) | 将原 ndarray 中的元素全部填充为 value |
| ndarray.sort(axis = -1, kind = None) | 使用 kind 指定的方法对原 ndarray 排序，会改变原数组。kind 可取值 {'quicksort', 'mergesort', 'heapsort', 'stable'} |

**【例 14.5】** ndarray 常用操作方法

```
import numpy as np

x = np.array([2, 3, 4, 1])
y = x.reshape((2, 2))                              # x 不会改变
print(1, y)
print(2, y.flatten())                             # y 不会改变
x.sort()
print(3, x)
x.fill(1)
print(4, x)
----------------------------------- 运行结果 -----------------------------------
1 [[2 3]
 [4 1]]
2 [2 3 4 1]
3 [1 2 3 4]
4 [1 1 1 1]
```

# ◤ 14.3  科学计算

## 14.3.1  浮点数精度问题

计算机浮点数的计算存在精度问题，其结果往往"不正确"。

**【例 14.6】** 浮点数精度问题（9 个 0.1 加和）

```
a = 0
for i in range(0, 9):
    a += 0.1
```

```
print(a)
```
------------------------------------运行结果------------------------------------
```
0.8999999999999999
```

结果并不是 0.9，这与二进制中小数的表示方式有关，导致计算中产生了偏差的累积。这个问题并非二进制独有。浮点数的精度问题无法从根本上解决，只能使用一些近似的方法：（1）经常对结果进行指定小数位的四舍五入操作。（2）如果只涉及加减乘运算，转换为整数运算，然后再转换为浮点数。

### 14.3.2　常量

#### 1. NumPy 中的常用常量（见表 14.4）

表 14.4　　　　　　　　　　　　　　　　NumPy 常量

| 含 义 | 类型 | 标识符 |
|---|---|---|
| 正无穷（+∞） | float | numpy.PINF, numpy.inf, numpy.Inf, numpy.infty, numpy.Infinity |
| 负无穷（-∞） | float | numpy.NINF |
| 自然常数（e） | float | numpy.e |
| 圆周率（π） | float | numpy.pi |
| 无意义数字<br>(Not a number) | float | numpy.nan，numpy.NaN 或 numpy.NAN |

#### 2. 特殊常量的判断

NumPy 中的一些常量不能使用"=="或"is"去判断，需要使用一些逻辑函数完成判断。如果是该常量，返回 True，否则返回 False，判断函数见表 14.5。

表 14.5　　　　　　　　　　　　　　常量判断

| 函数签名 | 说明 |
|---|---|
| numpy.isnan(x) | 判断 x 是否是无意义数字(numpy.nan) |
| numpy.isinf(x) | 判断 x 是否是正无穷或负无穷 |
| numpy.isposinf(x) | 判断 x 是否是正无穷 |
| numpy.isneginf(x) | 判断 x 是否是负无穷 |

【例 14.7】常量判断

```
import numpy as np

a, b, c = np.e, np.PINF, np.nan
```

```
print('a < b:', a < b)                            # 判断 a 是否小于 b
print('np.isinf(b):', np.isinf(b))                # b 是否是一个无穷大
print('np.isnan(c):', np.isnan(c))                # c 是否是 nan
print('c == c:', c == c)                          # nan 不能用 == 判断
----------------------------------运行结果------------------------------------
a < b: True
np.isinf(b): True
np.isnan(c): True
c == c: False
```

### 14.3.3　常用科学计算函数

本节仅介绍相关科学计算函数的基本使用，省略了部分不常用参数，且均有轴 axis 参数，即按照指定的轴方向运算。为了准确描述其使用方式，会根据情况添加 "*" 修饰，因此函数签名会与文档会有所不同。

#### 1．基本统计计算（见表14.6）

表14.6　　　　　　　　　　基本统计计算函数

| 函数签名 | 说明 |
| --- | --- |
| numpy.mean(a, axis = None) | 计算类数组 a 中数据的平均值 |
| numpy.var(a, axis = None, *, ddof = 0) | 计算类数组 a 中数据的方差（自由度为 len(a) - ddof） |
| numpy.std(a, axis = None, *, ddof = 0) | 计算类数组 a 中数据特定自由度的标准差（自由度为 len(a) - ddof） |
| numpy.max(a, axis = None) | 求类数组 a 中数据的最大值 |
| numpy.min(a, axis = None) | 求类数组 a 中数据的最小值 |
| numpy.median(a, axis = None) | 求类数组 a 中数据的中位数 |
| numpy.sum(a,axis = None) | 求类数组 a 中数据的和 |
| numpy.average(a, axis = None, weights = None) | 求类数组 a 中数据的加权平均值，权值由类数组 weights 决定 |

若不考虑 axis，即类数组 a 为一维数组。则表14.6中自由度为 $n - ddof$ 的方差计算方式为：$\frac{1}{n - ddof}\sum_{i=0}^{n-1}(a_i - \bar{a})^2$，其中 $n$ 为数组 a 中的元素数量，即 len(a)。$\bar{a}$ 为数组 a 中元素的平均值。numpy.std 的结果即 numpy.var 的平方根。

**【例14.8】** 计算加权平均值

```
import numpy as np

a = np.array([2, 0, 1])
print(np.average(a, weights = [0.5, 0.1, 0.4]))
```
--------------------------------运行结果--------------------------------
```
1.4
```

### 2. 数值计算

NumPy 数值运算函数的输入参数既可以是一个标量，也可以是一个类数组。若输入为标量，则对该标量进行相关的计算。若输入为类数组，则构造并返回一个相同 shape 的 ndarray，并在新的 ndarray 中对输入类数组对应位置的数值进行数值计算。

（1）数位舍入运算（见表14.7）。

表14.7 舍入运算函数

| 函数 | 说明 |
| --- | --- |
| numpy.around(a, decimals = 0) | 对 a 进行四舍五入，保留 decimals 位小数 |
| numpy.floor(x) | 对 x 进行向下取整 |
| numpy.ceil(x) | 对 x 进行向上取整 |

**【例14.9】** 舍入运算

```
import numpy as np

a = np.array([1.09, 2.11, 3.9])
print('around(a, 1):', np.around(a, 1))
print('ceil(a):', np.ceil(a))
print('floor(a):', np.floor(a))
```
--------------------------------运行结果--------------------------------
```
around(a, 1): [1.1 2.1 3.9]
ceil(a): [2. 3. 4.]
floor(a): [1. 2. 3.]
```

（2）三角函数（见表14.8）。

表14.8 三角函数

| 函数签名1 | 说明1 | 函数签名2 | 说明2 |
| --- | --- | --- | --- |
| numpy.degrees(x) | 将 x 从弧度转换为度 | numpy.tan(x) | 求 x 的正切值（x 单位：弧度） |
| numpy.radians(x) | 将 x 从度转换为弧度 | numpy.arcsin(x) | 求 x 的反正弦值（结果单位：弧度） |

续表

| 函数签名1 | 说明1 | 函数签名2 | 说明2 |
|---|---|---|---|
| numpy.sin(x) | 求 x 的正弦值<br>（x 单位：弧度） | numpy.arccos(x) | 求 x 的反余弦值（结果单位：弧度） |
| numpy.cos(x) | 求 x 的余弦值<br>（x 单位：弧度） | numpy.arctan(x) | 求 x 的反正切值（结果单位：弧度） |

【例14.10】三角函数计算

```
import numpy as np

a = np.pi / 2
print('sin(a):', np.sin(a))
print('cos(a):', np.cos(a))
print('arcsin(1):', np.arcsin(1))
```
--------------------------------运行结果------------------------------------
```
sin(a): 1.0
cos(a): 6.123233995736766e - 17
arcsin(1): 1.5707963267948966
```

（3）其他常用数值运算（见表14.9）。

表14.9 其他常用数值运算

| 函数1 | 说明1 | 函数2 | 说明2 |
|---|---|---|---|
| numpy.log(x, /) | 计算 $\ln x$ | numpy.sqrt(x, /) | 计算 $\sqrt{x}$ |
| numpy.log2(x, /) | 计算 $\log_2 x$ | numpy.cbrt(x, /) | 计算 $\sqrt[3]{x}$ |
| numpy.log10(x, /) | 计算 $\log_{10} x$ | numpy.lcm(x1, x2, /) | 计算 $x_1$ 和 $x_2$ 的最小公倍数 |
| numpy.emath.logn(n, x) | 计算 $\log_2 x$ | numpy.gcd(x1, x2, /) | 计算 $x_1$ 和 $x_2$ 的最大公约数 |
| numpy.exp(x, /) | 计算 $e^x$ | numpy.abs(x, /) | 计算 $|x|$ |
| numpy.power(x1, x2, /) | 计算 $x_1$ 的 $x_2$ 次幂 | numpy.absolute(x, /) | 计算 $|x|$ |

【例14.11】幂运算和对数运算

```
import numpy as np

x1 = np.log2(4)
x2 = np.exp(1)
x3 = np.gcd(9, 6)
x4 = np.abs( - 1)
print(x1, x2, x3, x4, sep = ', ')
```
--------------------------------运行结果------------------------------------
```
2.0, 2.718281828459045, 3, 1
```

### 3．线性代数常用运算（见表14.10）

numPy 中使用二维 ndarray 表示矩阵，也可使用 numPy 提供的 matrix 对象（重载了运算符）。但为了避免混淆，建议使用二维 ndarray，本节仅介绍基本用法，没有完整介绍参数。因浮点数精度问题，如不可逆的方阵 A 的行列式值 $|A| \neq 0$，因此在使用时需要注意精度。

表 14.10　　　　　　　　　　　　线性代数运算

| 函数签名 1 | 说明 1 | 函数签名 2 | 说明 2 |
|---|---|---|---|
| numpy.dot(a, b) | 计算向量 a 和 b 点乘 | numpy.linalg.det(a) | 计算行列式 \|a\| 的值 |
| numpy.transpose(a) | 取矩阵 a 的转置 | numpy.linalg.inv(a) | 求矩阵 a 的逆矩阵 |
| numpy.matmul(x1, x2, /) | 矩阵乘法 x1 · x2 | numpy.linalg.eigvals(a) | 求矩阵 a 的特征值 |

**【例 14.12】** 线性代数运算

```
import numpy as np

x = np.array([(1, 0), (0, 2)])              #构造对角矩阵
y = np.linalg.inv(x)                        #求 x 的逆矩阵
print(1, np.transpose(x), sep = ', ')       #取转置
print(2, y, sep = ', ')                     #查看 x 的逆
print(3, np.matmul(x, y), sep = ', ')       #矩阵 x 和 y 的积
print(4, np.linalg.det(x), sep = ', ')      #行列式 |x|
print(5, np.linalg.eigvals(x), sep = ', ')  #求矩阵 x 的特征值
```

---------------------------------运行结果------------------------------------
```
1, [[1 0]
[0 2]]
2, [[1.  0. ]
[0.  0.5]]
3, [[1.0.]
[0.1.]]
4, 2.0
5, [1. 2.]
```

## 14.4　随机数生成器（Generator）

NumPy 提供了随机数生成器对象用于生成服从各种分布的伪随机数。

### 14.4.1 随机数生成器的构造

方法 1：使用 Generator 和 PCG64（需要导入）

➢ numpy.random.Generator(bit_generator)

- bit_generator：即 PCG64(seed = None)对象，其中 seed 是随机数种子，必须是非负整数或 None。

【例 14.13】构造随机数生成器 1

```
from numpy.random import Generator, PCG64

rng = Generator(PCG64(24))            # 指定随机数种子
rng = Generator(PCG64())              # 不指定随机数种子,相当于 None,结果不可预测
```

方法 2：使用 default_rng 函数

➢ numpy.random.default_rng(seed = None)

- seed：int 或 None，随机数种子。
- return：一个 Generator 随机数生成器对象。

【例 14.14】构造随机数生成器 2

```
import numpy.random

rng = numpy.random.default_rng (seed = 1)     # 指定随机数种子
rng = numpy.random.default_rng()              # 不指定随机数种子，结果不可预测
```

### 14.4.2 生成随机数

Generator 常用随机数生成方法见表 14.11。本教程在使用上也仅演示生成随机整数，其他随机数生成方法的使用方式基本相同。其中所有随机数生成方法中都有一个参数 size，该参数表示生成的随机数的存储形式。有三种取值模式：(1) None，默认值，产生一个随机数；(2) int，按顺序生成 size 个随机数，并以一维 ndarray 的形式返回；(3) tuple，格式为(m, n)，按顺序产生 m*n 个随机数并以 m*n 的二维 ndarray 形式返回。

表 14.11　　　　　　　　　　　Generator 常用随机数生成方法

| 方法签名 | 说明 |
|---|---|
| `Generator.integers(low, high, size = None, endpoint = False)` | 生成 [low, high) 内的随机整数，low 和 high 均为整数，endpoint 决定 high 能否被取到 |
| `Generator.random(size = None)` | 生成 [0, 1) 内的均匀随机数 |
| `Generator.binomial(n, p, size = None)` | 生成服从 B(n, p) 的伯努利随机数 |
| `Generator.poisson(lam = 1.0, size = None)` | 生成参数为 lam 的泊松分布随机数 |
| `Generator.geometric(p, size = None)` | 生成参数为 p 的几何分布随机数 |
| `Generator.uniform(low = 0.0, high = 1.0, size = None)` | 生成服从 U(low, high) 的均匀分布随机数 |
| `Generator.exponential(scale = 1.0, size = None)` | 生成期望为 scale 的指数分布随机数 |
| `Generator.normal(loc = 0.0, scale = 1.0, size = None)` | 生成均值为 loc，标准差为 scale 的正态随机数 |
| `Generator.chisquare(df, size = None)` | 生成自由度为 df 的 $\chi^2$ 分布随机数 |
| `Generator.standard_t(df, size = None)` | 生成自由度为 df 的 t 分布随机数 |
| `Generator.f(dfnum, dfden, size = None)` | 生成分子分母自由度分别为 dfnum 和 dfden 的 f 分布随机数 |

**【例 14.15】** 随机数生成器示例

```
from numpy.random import Generator, PCG64

rng = Generator(PCG64(24))          # 构造随机数生成器
x1 = rng.integers(0, 9)             # 产生一个整数随机数
x2 = rng.integers(0, 9, size = 5)   # 产生 5 个整数随机数
x3 = rng.integers(0, 9, size = (2, 2))   # 矩阵形式产生 4 个整数随机数
print(1, x1, sep = ', ')
print(2, x2, sep = ', ')
print(3, x3, sep = ', ')
-------------------------------运行结果-------------------------------
1, 3
2, [2 6 3 7 5]
3, [[1 4]
 [3 5]]
```

## ▲ 14.5　习题

1. 编写函数 inter_index(x, intervals)，计算并返回 x 在类数组 intervals

中属于哪一个区间。例如 inter_index(0.4, [0, 0.3, 0.6, 0.9])中属于 1 号区间(0.3, 0.6], intervals 描述的小区间均为前开后闭, 若不属于任何区间, 返回 -1。

2. 编写函数 max_dis(xs, ys), xs 与 ys 为同长度的一维类数组, 记录一系列点的 x 坐标和 y 坐标, 如(xs[0], ys[0])表示第一个点的坐标, 该函数返回一个 tuple, 格式为(i, j, d), d 是 xs 和 ys 中相距最远的两个点之间的距离, i 和 j 则表示这两个点在 xs 和 ys 中的索引号。

# 第15章
# Pandas基础

Pandas 是基于 Python 的一个数据分析库，其名称是 Panel Data（面板数据）和 Data Analysis（数据分析）的结合，本教程介绍 Pandas 最基本的使用，版本为 2.0.0。

- Pandas 可以处理 excel 表格、csv 文件等数据文件。
- Pandas 主要提供 Series 和 DataFrame 两种数据结构对象，其中 DataFrame 是核心结构。
- Pandas 是一个 Python 三方库，需要使用 pip 安装，通常取别名为 pd。使用 Pandas 处理 Excel 表格还需要安装 openpyxl 和 xlrd 两个三方库。安装命令如下。

```
pip install pandas
pip install openpyxl
pip install xlrd
```

- Pandas 官方在线文档地址：https://pandas.pydata.org/docs/
- Pandas 文档使用方式与 NumPy 相同。

## 15.1 DataFrame

DataFrame 是二维表格型数据结构，表中的数据通过行(row)和列(column)进行定位索引。同一个 DataFrame 可以存储多种数据类型。

### 15.1.1　DataFrame 的构造和属性

#### 1. DataFrame 对象的构造方法

➢ pandas.DataFrame(data = None, index = None, columns = None, dtype = None)
- data：array - like 或 dict，要存储的数据。
- index：array - like，对应行索引值，默认为 RangeIndex。
- columns：array - like，对应列索引值，默认为 RangeIndex。
- dtype：数据类型，支持 numpy 数据类型和 Python 基本数据类型。

【例 15.1】使用二维 ndarray 并指定 column 进行创建

```
import pandas as pd
import numpy as np

# 设置存储类型为 object 以兼容字符串和整型同时存在，也可以交由 numpy 自动处理
matrix = np.array([['张三', 90, 82], ['李四', 92, 80]], dtype = object)
# 强制指定 columns 属性
df = pd.DataFrame(data = matrix, columns = ['姓名', '高等数学', '线性代数'])
print(df)
---------------------------------运行结果---------------------------------
   姓名 高等数学 线性代数
0  张三    90    82
1  李四    92    80
```

【例 15.2】使用字典创建，字典中每一个键对应的都是长度相同的列表（类数组）

```
import pandas as pd

# 用字典构造，字典的键组成 columns，每个键的值为该列的数据
dic = {'姓名': ('张三', '李四'), '高等数学': (90, 92), '线性代数': (82, 80)}
df = pd.DataFrame(dic)
print(df)
---------------------------------运行结果---------------------------------
   姓名 高等数学 线性代数
0  张三    90    82
1  李四    92    80
```

可知字典的键成为了列索引 column，而每一个键对应的列表都成为了一个列。

## 2. DataFrame 对象的主要属性

➢ DataFrame.index：DataFrame 对象的行索引对象。

➢ DataFrame.columns：DataFrame 对象的列索引对象。

【例15.3】DataFrame 主要属性

```
import pandas as pd

dic = {'姓名': ('张三', '李四'), '高等数学': (90, 92), '线性代数': (82, 80)}
df = pd.DataFrame(dic)
print(df.index)
print(df.columns)
--------------------------------运行结果-------------------------------
RangeIndex(start=0, stop=2, step=1)
Index(['姓名', '高等数学', '线性代数'], dtype='object')
```

## 15.1.2 DataFrame 的索引

### 1. 直接索引列（使用"[]"）

格式为 DataFrame[col]，其中 col 必须是 cloumns 属性中的值，索引出 col 对应的整列数据。

### 2. 使用 iloc 属性索引

➢ 格式为：DataFrame.iloc[row, col]或 DataFrame.iloc[row][col]，其中 row 和 col 都是数字索引，从 0 开始。

• row：整数、列表或切片表达，要索引的行，注意不算表头 columns。

• col：整数、列表或切片表达，要索引的列，注意不算行号 index。

• 索引值与列表相同，从 0 开始，即 0 表示第一行或第一列。

• 假设有一个 DataFrame 对象 df

  ▪ df[0, 0]或 df[0][0]表示取出第 0 行、第 0 列的数据。

  ▪ df[0]或 df[0, :]表示取出第 0 行。

  ▪ df[:, 0]表示取出第 0 列。

  ▪ 上述切片方式还可以进行局部索引，了解即可。

• 同列表和数组的索引一样，DataFrame 可以通过索引进行数据的修改。

【例15.4】DataFrame 索引：检索出的张三的高数成绩，类型为 int64

```
import pandas as pd

dic = {'姓名': ('张三', '李四'), '高等数学': (90, 92), '线性代数': (82, 80)}
df = pd.DataFrame(dic)
print(df['高等数学'])                          # 索引整列
print(' ------')
print(df[df.columns[0]])                      # 使用数字则必须使用 columns 中转
print(' ------')
print(df.iloc[0, 1], type(df.iloc[0, 1]))     # 索引张三的高等数学成绩,并查看数据类型
---------------------------------运行结果-------------------------------------
0     90
1     92
Name: 高等数学, dtype: int64
 ------
0     张三
1     李四
Name: 姓名, dtype: object
 ------
90 <class 'numpy.int64'>
```

## ▲ 15.2 IO 处理

### 15.2.1 读取文件

#### 1. 读取 csv 文件

➤ pandas.read_csv(filepath_or_buffer, *, header = 'infer',names = None, encoding = None)

- filepath_or_buffer : str, 内容为文件名, 同 open 函数, 需要包含路径, 这里路径可以是绝对路径, 也可以是相对路径。

- header: int 或 None, 表头的数据, 如果没有传入 names 参数, 也没有传入 header, header 会被设置为 0, 即 'infer' 默认值, 即把文件中的第一行数据按分隔符分割后设置为表头。规范设计的带有表头的表格通常不需设置, 如果没有表头, 则应设置 names 参数。header = None 且未设置 names, 表示以数字索引作为表头。

- names: array - like, 可选, 表格的表头名称（类数组中的数据可以是数

字或字符串），若未设置，会依据 head 的值设置，对于没有表头的文件，必须设置该参数。

- encoding：str，用于设置编码，解决中文乱码问题，默认为'utf8'，可设置为'utf-8'，'utf8'或'gbk'。

- return：DataFrame 对象。

【例15.5】读取同目录下的 table.csv

```
姓名,性别,年龄
张三,男,19
李四,女,18
```

读取文件代码如下。

```
import pandas as pd

df = pd.read_csv('table.csv')
print(df)
```
---------------------------------运行结果-------------------------------------
```
    姓名 性别  年龄
0   张三  男   19
1   李四  女   18
```

## 2．读取 excel 文件

支持的格式有 xls, xlsx, xlsm, xlsb, odf, ods 和 odt。

➤ pandas.read_excel(io, sheet_name = 0, *, header = 0, names = None)

- io：str，内容为文件名，同 open 函数，需要包含路径，这里路径可以是绝对路径，也可以是相对路径。

- sheet_name：str, int 或 list，默认为 0，字符串表示 excel 表格中 sheet（工作表）的名称，整数则表示第几张 sheet，索引号从 0 开始，列表则存储要读取的所有工作表（字符串，整数均可），若设置为 None，则读取所有 sheet。

- header：int 或 None，表头的数据，如果没有传入 names 参数，也没有传入 header，header 会被设置为 0，即'infer'默认值，即把文件中的第一行数据按分隔符分割后设置为表头。规范设计的带有表头的表格通常不需设置，如果没有表头，则应设置 names 参数。header = None 且未设置 names，表示以数字索引作为表头。

- names：array-like，可选，表格的表头名称（类数组中的数据可以是数字或字符串），若未设置，会依据 head 的值设置，对于没有表头的文件，必须设置该参数。

- return：DataFrame 对象。

【例 15.6】读取同目录下的 table.xlsx，文件内容如图 15.1 所示。

```
import pandas as pd

df = pd.read_excel('table.xlsx')
print(df)
------------------------------------运行结果------------------------------------
  姓名 性别  年龄
0  张三  男  19
1  李四  女  18
```

| | A | B | C | D |
|---|---|---|---|---|
| 1 | 姓名 | 性别 | 年龄 | |
| 2 | 张三 | 男 | 19 | |
| 3 | 李四 | 女 | 18 | |
| 4 | | | | |

图 15.1　表格 table.xlsx 内容

## 15.2.2　存储文件

### 1. DataFrame 存储为 csv 文件

➢ DataFrame.to_csv(path_or_buf = None, sep = ', ', na_rep = '', columns = None, header = True, index = True, mode = 'w', encoding = None)

- path_or_buf ：str，内容为文件名，同 open 函数，需要包含路径，这里路径可以是绝对路径，也可以是相对路径。
- sep：str，即数据分隔符，csv 文件默认为","，无需设置。
- na_rep：str，缺失数据将会被设置为 na_rep，默认为空字符串。
- float_format：str，默认 None，浮点数显示格式，如"%.2f" 表示保留两位小数。
- columns：array - like，可选，默认 None，表示全部写入。指定要写入的列，需要使用列名，即 DataFrame 的 columns 属性中的值。
- header：bool 或 list of str，默认 True，是否将表头写入，如果传入了

一个列表，列表中的内容会被按顺序分配给每一列作为表头。

- index：bool，默认 True，是否将行名称写入文件，通常需要设置为 False。
- mode：str，文件 IO 操作模式，默认为 "w"，"a" 表示追加模式，同 open 函数。
- encoding：str，字符编码方式，默认 None，即 "utf-8"。

**【例 15.7】** 将一个 DataFrame 对象存储为 new.csv

```
import pandas as pd

data = {'姓名': ('张三', '李四'), '性别': ('男', '女'), '年龄': (19, 18)}
df = pd.DataFrame(data)
df.to_csv('new.csv', index = False)          # 如果不需要行序号，一定要设置 index = False
------------------------------new.csv 文件内容---------------------------------
姓名，性别，年龄
张三，男，19
李四，女，18
```

**【例 15.8】** 测试 columns 参数，只保存姓名和年龄

```
import pandas as pd

data = {'姓名': ('张三', '李四'), '性别': ('男', '女'), '年龄': (19, 18)}
df = pd.DataFrame(data)
# 如果不需要行序号，一定要设置 index = False
df.to_csv('new.csv', index = False, columns = ('姓名', '年龄'))
------------------------------new.csv 文件内容---------------------------------
姓名，年龄
张三，19
李四，18
```

## 2. DataFrame 存储为 excel 文件

➢ DataFrame.to_excel(excel_writer, sheet_name = 'Sheet1', na_rep = '', float_format = None, columns = None, header = True, index = True, startrow = 0, startcol = 0, encoding = None)

- excel_writer：str 或 ExcelWriter 对象，若为字符串，内容为文件名，同 open 函数，需要包含路径，这里路径可以是绝对路径，也可以是相对路径。写入的 excel 文件只需要一个 sheet 时使用路径字符串即可，若要存储多个 sheet，则必须使用 ExcelWriter 对象（本教程不讨论）。
- sheet_name：str，工作表 sheet 的名称，默认 "Sheet1"。

- na_rep：str，缺失数据将会被设置为 na_rep，默认为空字符串。
- float_format：str，默认 None，浮点数表示的格式化字符串。
- columns：array - like，可选，默认 None，表示全部写入。指定要写入的列，需要使用列名，即 DataFrame 的 columns 属性中的值。
- header：bool 或 list of str，默认 True，是否将表头写入，如果传入了一个列表，列表中的内容会被按顺序分配给每一列作为表头。
- index：bool，默认 True，是否将行名称（row name）写入文件。
- startrow：int，在 excel 中写入数据区域的起始行号（从左上方开始计算）。
- startcol：int，在 excel 中写入数据区域的起始列号（从左上方开始计算）。

【例 15.9】将一个 DataFrame 对象存储为 new.xlsx

```
import pandas as pd

data = {'姓名': ('张三', '李四'), '性别': ('男', '女'), '年龄': (19, 18)}
df = pd.DataFrame(data)
df.to_excel('new.xlsx', index = False)          # 如果不需要行序号，一定要设置 index = False
```

生成的 new.xlsx 内容如图 15.2 所示。

| | A | B | C | D |
|---|---|---|---|---|
| 1 | 姓名 | 性别 | 年龄 | |
| 2 | 张三 | 男 | 19 | |
| 3 | 李四 | 女 | 18 | |
| 4 | | | | |
| 5 | | | | |

图 15.2　表格 new.xlsx 内容

## 15.3　习题

1. DataFrame 的两种基本索引方式是什么？
2. 自编数据构造一个 DataFrame 对象，并通过 columns 属性执行 setter 操作修改列索引。
3. 自编含有缺失值（有单元格没有数据）的 csv 文件和 excel 文件，并使用 pandas 将其读取为 DataFrame，观察文件中缺失值的读取结果。
4. 在〖例 15.7〗中，使用 DataFrame 保存表格文件时，如果不设置 index = False 会怎样？

# 第 16 章
## Python绘图初步

## 16.1 工具与文档

### 16.1.1 Matplotlib

Matplotlib 是一个 Python 的 三方绘图库，能够生成多种格式的出版质量级别的图形。

- 本教程使用的 Matplotlib 版本：3.7.1。
- Matplotlib 官网及文档地址：https://matplotlib.org。
- 文档使用方式与 NumPy 一致，主页上方点击 Reference 选项后即可进入在线文档。
- 本教程主要使用 matplotlib.pyplot 子模块，该模块通常取别名为 plt。

### 16.1.2 Seaborn

Seaborn 是在 Matplotlib 的基础上封装实现的，因此在绘图过程中，Matplotlib 中的参数在 Seaborn 中基本都可以使用。Seaborn 能够绘制更有吸引力的图形，但不能作为 Matplotlib 的替换。

- 本教程使用的 Seaborn 版本：0.12.2。
- Seaborn 官网及文档地址：https://seaborn.pydata.org。
- 文档使用方式与 NumPy 一致，主页上方点击 API 选项后即可进入在线文档。
- Seaborn 包通常取别名为 sns。

本教程只介绍常用的绘图参数，参数存在省略和乱序，且相关绘图函数中存在大量可变关键字参数**kwargs和关键字约束*，因此有默认值的参数均建议使用关键字模式传入参数。

## 16.2 格式特征字符串与通用关键字参数

Matplotlib中存在一些通用参数，这些参数几乎存在于所有的绘图函数中的**kwargs中，常用参数见表16.1，更多内容见文档。

表16.1 常用通用关键字参数

| 参数1 | 说明1 | 参数2 | 说明2 |
|---|---|---|---|
| alpha | 透明度（0～1），默认1（不透明） | marker | str，设置点样式（点型） |
| color 或 c | str，设置颜色 | markersize 或 ms | scalar，设置点大小 |
| linestyle 或 ls | str，设置线条样式（线型） | label | str，设置图的标签（用于图例） |
| linewidth 或 lw | scalar，线条宽度 | edgecolor | str，轮廓颜色（有面积的图形） |

Matplotlib和Seaborn中可以使用字符串来设置图形中的点型、线型和颜色。后续内容中涉及点、线、颜色的字符串设置均可见表16.2～表16.4。

表16.2 线型特征符号

| 符号 | 含义 | 符号 | 含义 |
|---|---|---|---|
| '-' | solid line style | '-.' | dash - dot line style |
| '--' | dashed line style | ':' | dotted line style |

表16.3 点型特征符号

| 符号 | 含义 | 符号 | 含义 | 符号 | 含义 |
|---|---|---|---|---|---|
| '.' | point marker | '3' | tri_left marker | '+' | plus marker |
| ',' | pixel marker | '4' | tri_right marker | 'x' | x marker |
| 'o' | circle marker | '8' | octagon marker | 'X' | x (filled) marker |
| 'v' | triangle_down marker | 's' | square marker | 'D' | diamond marker |
| '^' | triangle_up marker | 'p' | pentagon marker | 'd' | thin_diamond marker |
| '<' | triangle_left marker | 'P' | plus (filled) marker | '|' | vline marker |
| '>' | triangle_right marker | '*' | star marker | '_' | hline marker |
| '1' | tri_down marker | 'h' | hexagon1 marker | | |
| '2' | tri_up marker | 'H' | hexagon2 marker | | |

表 16.4　　　　　　　　　　　　　　颜色特征符号

| 符号 | 含义 | 符号 | 含义 |
|------|------|------|------|
| 'b' | blue | 'm' | magenta |
| 'g' | green | 'y' | yellow |
| 'r' | red | 'k' | black |
| 'c' | cyan | 'w' | white |

**注意**：在后续内容中颜色通常会使用 c 或 color 参数设置，既可以使用表中的特征字符，也可以使用颜色的英文全名（不区分大小写），包括表中没有给出的颜色（如 orange）。

## ◢◣ 16.3　用窗口显示图像（show）

使用 Matplotlib 画图时，如果要将图以窗口形式显示到屏幕上，需要使用 show()函数。该函数调用后，整个画布会被清空，因此在完成当次全部绘图任务前，不要使用 show()。

➤ matplotlib.pyplot.show()

使用 show()弹出的窗口有很多功能可用，如标注鼠标所指的坐标、保存图像等。对于三维图形还可以进行旋转。对于有子图的画布，可以调整子图内容。

## ◢◣ 16.4　折线图（plot）

将规模相同的两个一维数组 x（存储点的横坐标）和 y（存储点的纵坐标）中描述的点按顺序逐个用直线段连接。对于曲线的绘制，如果点足够多，就可以模拟出平滑的曲线，如图 16.1(a)所示。折线图对点的顺序有讲究，x 和 y 中的点的顺序不同，绘制的结果也可能不同。

➤ matplotlib.pyplot.plot(*args, **kwargs)

● *args：格式为[x], y, [fmt]。

　■ x：array-like，可缺省，绘制折线的 x 坐标，与 y 必须长度相同。若缺省则 x 自动填充为[0, 1, …, len(y)-1]。

　■ y：array-like，绘制折线的 y 坐标。

　■ fmt：str，可缺省，定义曲线的点线色属性。格式为'[marker][line]

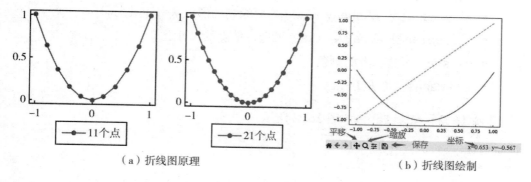

图 16.1   折线图原理

[color]'，具体见表16.1～表16.3。默认小圆点实线，颜色根据色环（见18.5节）自动填充。

- **kwargs：见表16.1。

【例16.1】plot，如图16.1(b)所示

```
import numpy as np
import matplotlib.pyplot as plt

x = np.linspace( -1, 1)            # 设置曲线绘制的 x 范围
y1 = x ** 2 - 1                    # 构造曲线 y = x^2 - 1 对应的 y 坐标
y2 = x                            # 构造曲线 y = x 的 y 坐标
plt.plot(x, y1)                   # 绘制二次曲线
plt.plot(x, y2, ls = ' -- ')     # 设置线型绘制直线
plt.show()                        # 必须调用 plt.show()才能显示图片
```

可知在同一个画布中使用两次 plot 绘图时，会自动改变颜色，这一特性在后续的绘图功能中都相同（按照色环颜色顺序，见第18章棉棒图）。且鼠标移动到弹出的画布上时，右下角会显示鼠标的箭头顶端所在位置的坐标，另外画布左下角还提供有平移、缩放和保存等功能的按钮。

注意：此处语句 plt.show()必须在两个 plt.plot 之后。如果在两个 plt.plot 语句之间，只会显示绘制有二次曲线的画布。而如果在两个 plt.plot 语句后都有一个 plt.show()，则会弹出两张画布，第一张只有二次曲线，第二张只有直线，请读者自行实验。

## 16.5   散点图（scatter）

➤ matplotlib.pyplot.scatter(x, y, s, c, marker, *kwargs)

- x, y：scalar 或 array-like，要绘制的散点 x 和 y 坐标。
- s：scalar 或 array-like，可选，散点的尺寸。
- c：str，可选，点的颜色。
- **kwargs：见表 16.1。

【例 16.2】scatter，如图 16.2 所示

```
import numpy as np
import matplotlib.pyplot as plt

x = np.linspace(-1, 1, num=21)          # 设置曲线绘制的 x 范围
y = x ** 2 - 1                          # 构造曲线 y = x^2 - 1 对应的 y 坐标
plt.scatter(x, y)                       # 绘制二次曲线
plt.show()
```

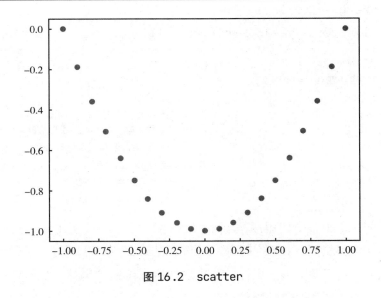

图 16.2　scatter

## 16.6　填充图

### 16.6.1　封闭图形填充 fill

将 x 和 y 中的点按顺序逐个连线后，再将最后一个点 (x[-1], y[-1]) 和第一个点 (x[0], y[0]) 连接以构成封闭图形，并填充颜色。与 plot 类似，x 和 y 中的点的顺序不同，绘制的结果也可能不同。

➢ matplotlib.pyplot.fill(*args, **kwargs)

- *args：基本格式 x, y, [color]。
  - x, y: scalar 或 array - like，记录封闭图形边界的点的 x 坐标和 y 坐标。
  - color: str，设置颜色，也可在 kwargs 中设置。
- **kwargs：见表 16.1。

【例16.3】fill，如图16.3(a)所示

```
import numpy as np
import matplotlib.pyplot as plt

x = np.linspace( -2, 2)                        # 继续用二次曲线绘制
y = - x ** 2 + 1
plt.fill(x, y, edgecolor = 'k', alpha = 0.5)
plt.show()
```

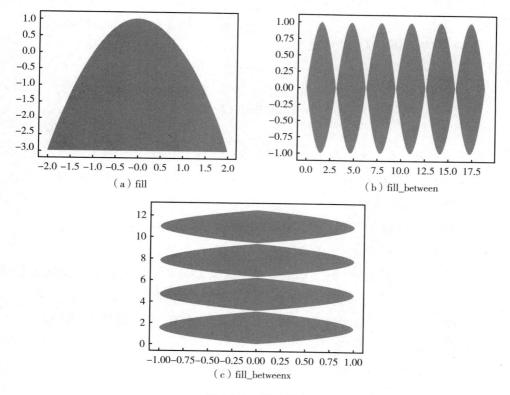

（a）fill

（b）fill_between

（c）fill_betweenx

图16.3　填充图

## 16.6.2　垂直填充图（fill_between）

绘图原理为：由两个函数 y1 = f(x) 和 y2 = f(x) 组成图形的上下边界，x 单调递增。绘图时两个函数共用 x 坐标，y1 和 y2 最左侧的点的连线构成左边界，y1 和

y2 最右侧的点的连线构成右边界，封闭后填充颜色，x 单调递减时情况类似。

➤ matplotlib.pyplot.fill_between(x, y1, y2 = 0, **kwargs)

- x：array - like，两条曲线对应的 x 坐标。
- y1：scalar 或 array - like，对应曲线 1 的 y 坐标，标量表示水平直线 y = y1 在 x[0]到 x[-1]之间的部分。
- y2：scalar 或 array - like，可选，默认为 0，对应曲线 2，同 y1。
- **kwargs：见表 16.1。

【例 16.4】 fill_between，结果如图 16.3(b)所示

```
import matplotlib.pyplot as plt
import numpy as np

x = np.linspace(0, 6 * np.pi, num = 100)
y1 = np.sin(x)
y2 = - np.sin(x)                        # 使用两条关于 x 轴对称的正弦函数绘制
plt.fill_between(x, y1, y2, alpha = 0.6)
plt.show()
```

### 16.6.3  水平填充图（fill_betweenx）

绘图原理为：由两个函数 x1 = f(y)和 x2 = f(y)组成图形的左右边界，两个函数共用 y 坐标。x1 和 x2 最底端的点的连线构成下边界，x1 和 x2 最顶端的点的连线构成上边界，封闭后填充颜色，x 单调递减时情况类似。

➤ matplotlib.pyplot.fill_betweenx(y, x1, x2 = 0, **kwargs)

- y：array - like，两条曲线对应的 y 坐标。
- x1：scalar 或 array - like，对应曲线 1 的 x 坐标，x1 为标量时表示垂直于 x 轴的直线 x = x1 在 y[0]到 y[-1]之间的部分。
- x2：scalar 或 array - like，可选，默认为 0，对应曲线 2，同 x1。
- **kwargs：见表 16.1。

【例 16.5】 fill_betweenx，如图 16.3(c)所示

```
import matplotlib.pyplot as plt
import numpy as np

y = np.linspace(0, 4 * np.pi, 100)
x1 = np.sin(y)
x2 = - np.sin(y)                        # 以〖例 16.3〗中三角函数旋转后图形为例
plt.fill_betweenx(y, x1, x2, alpha = 0.6)
plt.show()
```

## 16.7  习题

1. 实现一个函数 `inverse_proportional(n)`，其中 n 为正实数，在 [- n, n] 上绘制反比例函数，并同时测试表 16.1 和表 16.3 中的参数。

2. 通过可视化方法观察算法时间复杂度 $O(logn)$, $O(nlogn)$, $O(n)$, $O(n^2)$, $O(n!)$, $O(n^n)$ 的区别。

3. 用 (0, 0)、(1, 0)、(1, 1) 和 (0, 1) 四个点作为顶点，使用 `plot` 或 `fill` 测试不同连线顺序的结果。

4. 自编数据绘制散点图，并测试表 17.2 ~ 表 17.3 中的参数。

# 第 17 章
## 辅助元素

### 17.1 文本通用关键字参数

辅助元素多涉及文本，与 plot 等绘图函数相同，文本类函数的 **kwargs 中也存在大量通用参数，常用的文本通用关键字参数见表 17.1，更多可见文档。

表 17.1　　　　　　　　　　　常用文本通用关键字参数

| 参数 | 说明 |
|---|---|
| c 或 color, alpha | 设置同表 16.1，文本的颜色和透明度 |
| fontsize | scalar，字体大小 |
| fontstyle 或 style | str，字体风格，默认'normal'，可取 {'normal', 'italic', 'oblique'} |
| ha | str，水平对齐方式，默认'center'，可取 {'left', 'center', 'right'} |
| rotation | scalar 或 str，取标量时表示逆时针旋转度数。str 可取 {'vertical', 'horizontal'} |
| font | str，设置字体，如'Times New Roman'、'SimHei'等 |

### 17.2 文本注释

#### 17.2.1 文本：在画布的指定位置添加文本

➢ matplotlib.pyplot.text(x, y, s, **kwargs)
- x, y: scalar，添加文本的起始的位置（坐标）。

- s：str，要添加的文本内容。
- **kwargs：见表 17.1。

## 17.2.2 带箭头的文本标注，用于标注某个具体的位置

➢ matplotlib.pyplot.annotate(text, xy, xytext, arrowprops, **kwargs)
- text：str，注释文本内容。
- xy：要注释的点的坐标，格式为(x, y)，即箭头的指向。
- xytext：注释文本所在坐标格式为(x, y)。
- arrowprops：dict，可选，设置箭头属性，用于绘制由 xytext 指向 xy 的箭头，常用参数有 color（箭头颜色）和 arrowstyle（箭头风格）。本教程仅介绍几个预先设置的 FancyArrowPatch 关键字，详细内容见表 17.2，表中内容为 arrowprops 中键'arrowstyle'对应的值，类型为字符串，深入内容见 Matplotlib 文档 FancyArrowPatch 部分。
- **kwargs：见表 17.1。

表 17.2 　　　　　　　　预设的 arrowstyle 值（字符串）

| - | <- | -> | <-> | <\|- | -\|> | <\|-\|> | ]- |
|---|----|----|-----|------|------|---------|-----|
| -[ | ]-[ | \|-\| | ]-> | <-[ | simple | fancy | wedge |

【例 17.1】同时绘制两条曲线，并在图中分别标注，如图 17.1(a)所示

```
import numpy as np
import matplotlib.pyplot as plt


x = np.linspace(-1, 1)
y1, y2 = x ** 2, x
plt.text(-0.7,0.6,'y1',c='b',fontsize=13,style='italic')          # 设置斜体文本
plt.text(-0.5,-0.7,'y2',color='purple',fontsize=13,fontstyle='oblique')  # 设置倾斜字体
plt.plot(x, y1)
plt.plot(x, y2, color='purple', ls='-.')
plt.show()
```

【例 17.2】标注二次曲线的最低点，如图 17.1(b)所示

```
import numpy as np
import matplotlib.pyplot as plt


x = np.linspace(-1, 1)
y1, y2 = x ** 2, x
```

```
plt.plot(x, y1, color = 'k')
# 分别设置文本和箭头的属性
plt.annotate('Min', (0, 0), (-0.3, 0.4), color = 'k', fontsize = 20,
            arrowprops = {'arrowstyle': '-|>', 'color': 'k', 'lw': 2})
plt.show()
```

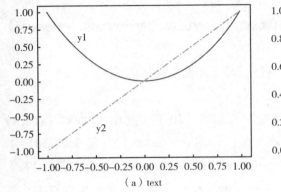 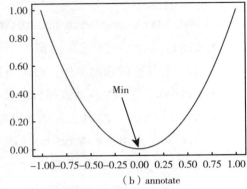

（a）text　　　　　　　　（b）annotate

图 17.1　文本注释

## 17.3　标题与坐标轴标签

### 17.3.1　title：在画布上方指定位置为图像添加标题

➢ matplotlib.pyplot.title(label, loc = 'center', **kwargs)
- label：str，要添加的标题。
- loc：str，标题的位置，可选值为 {'center', 'left', 'right'}，默认 'center'。
- **kwargs：见表 17.1。

### 17.3.2　xlabel 和 ylabel：为坐标轴添加标签，如轴的名称，刻度的单位

➢ matplotlib.pyplot.xlabel(label, *, loc, **kwargs)：为 x 轴添加标签
➢ matplotlib.pyplot.ylabel(label, *, loc, **kwargs)：为 y 轴添加标签。

- label：str，要添加的标签内容。
- loc：str，标签所在的位置，xlabel 可取值 { 'left ', 'center ', 'right'}，ylabel 可取值 { ' bottom ', ' center ', ' top '}，默认 'center'。
- **kwargs：见表 17.1。

【例 17.3】title，如图 17.2(a)所示

```
import numpy as np
import matplotlib.pyplot as plt

x = np.linspace( -1, 1)
y1 = x ** 2
y2 = x
plt.plot(x, y1)
plt.plot(x, y2)
plt.title('y1 and y2', fontsize =14)          # 设置标题 title
plt.show()
```

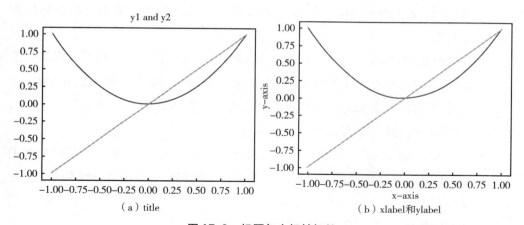

（a）title          （b）xlabel和ylabel

图 17.2    标题与坐标轴标签

【例 17.4】xlabel 和 ylabel，如图 17.2(b)所示

```
import numpy as np
import matplotlib.pyplot as plt

x = np.linspace( -1, 1)
y1 = x ** 2
y2 = x
plt.plot(x, y1)
plt.plot(x, y2)
plt.xlabel('x - axis', fontsize =12)          # 设置 x 轴标签及其字体大小
plt.ylabel('y - axis', fontsize =12)          # 设置 y 轴标签及其字体大小
plt.show()
```

# 17.4 坐标刻度与边界（ticks 和 lim）

## 17.4.1 坐标轴刻度

如果我们想要定制坐标轴的刻度内容，例如，更改坐标轴刻度的精度，或者使用其他文本（如" a"、" b"、" c" 等）代替数字，则需要使用 xticks（x 轴）和 yticks（y 轴）。

➤ matplotlib.pyplot.xticks(ticks = None, labels = None, *, minor = False, **kwargs)

➤ matplotlib.pyplot.yticks(ticks = None, labels = None, *, minor = False, **kwargs)

- ticks：array - like，记录 ticks 的位置的类数组，即刻度的坐标位置（x 或 y）。

- labels：array - like，长度与 ticks 列表相同，且一一对应，将该位置的刻度值表示改变成 labels 列表中对应的内容。如果 labels 为 None 或者空数组，表示 ticks 中指定的刻度位置仅保留刻度点（即一条短线段），但不标注任何文本或数字。

- minor：bool，默认 False，是否将该刻度设置为次要刻度（非 major 主要刻度），默认设置为主要刻度。本参数主要配合网格函数 grid 使用（见 17.7 节）。

- **kwargs：见表 17.1。

## 17.4.2 刻度参数调整（部分）

➤ matplotlib.pyplot.tick_params(axis = 'both', **kwargs)
- axis：str，要设置的坐标轴，可取{'x', 'y', 'both'}。
- **kwargs：
  ■ which：str，参数作用的刻度，可取{'major', 'minor', 'both'}，默认'major'。
  ■ reset：bool，是否将所有参数重置为默认值。
  ■ direction：str，可取{'in', 'out', 'inout'}，设置刻度线绘制在

坐标轴内侧、外侧或两侧同时绘制。

- length，width，color：设置刻度线的长度、宽度和颜色。
- pad：scalar，刻度文字与坐标轴的距离。
- labelsize，labelcolor：设置刻度标识的字体大小和颜色。
- colors：同时设置刻度标识和刻度线的颜色。

### 17.4.3　x 轴坐标边界

➢ matplotlib.pyplot.xlim(*args, **kwargs)
- *args：格式为 left, right。
  - left：scalar，x 轴显示范围最小值。
  - right：scalar，x 轴显示范围最大值。
- **kwargs：
  - left：scalar，x 轴显示范围最小值。
  - right：scalar，x 轴显示范围最大值。

### 17.4.4　y 轴坐标边界

➢ matplotlib.pyplot.ylim(*args, **kwargs)
- *args：格式为 bottom, top。
  - bottom：scalar，y 轴显示范围最小值。
  - top：scalar，y 轴显示范围最大值。
- **kwargs：
  - bottom：scalar，y 轴显示范围最小值。
  - top：scalar，y 轴显示范围最大值。

注意：如果只想设置边界下限或者上限中的其中一个，则使用 **kwargs 传入相应参数。

【例 17.5】降低 x 轴和 y 轴刻度的精度，如图 17.3(a)所示

```
import numpy as np
import matplotlib.pyplot as plt

x = np.linspace( -1, 1)
y1 = x ** 2
y2 = x
ticks = np.arange( -1, 1.5, step =0.5)          # 设置要显示的刻度
```

```
plt.plot(x, y1)
plt.plot(x, y2)
plt.xticks(ticks, ticks)          # 将 x 轴要显示的刻度作为 label
plt.yticks(ticks, ticks)          # 将 y 轴要显示的刻度作为 label
plt.show()
```

【例 17.6】 x 轴刻度改为字符，如图 17.3(b)所示

```
import numpy as np
import matplotlib.pyplot as plt

x = np.linspace( -1, 1, num =5)          # 用 5 个点做折线图
y = x ** 2
ticks = x                                 # 设置要显示的刻度
plt.plot(x, y)
labels = ['A', 'B', 'C', 'D', 'E']        # 要在替代指定刻度位置的标签
plt.xticks(ticks, labels)                 # 将 labels 传入，在 ticks 指定位置标注
plt.show()
```

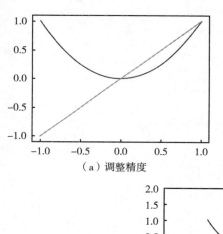
（a）调整精度

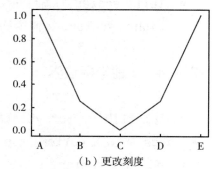
（b）更改刻度

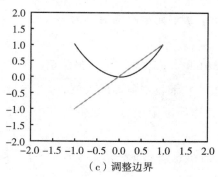
（c）调整边界

图 17.3  坐标轴刻度与边界

【例 17.7】 坐标轴边界，如图 17.3(c)所示

```
import numpy as np
import matplotlib.pyplot as plt
```

```
x = np.linspace( -1, 1)
y1 = x ** 2
y2 = x
plt.plot(x, y1)
plt.plot(x, y2)
plt.xlim( -2, 2)          # 扩大 x 轴显示范围至 - 2 ~ 2
plt.ylim( -2, 2)          # 扩大 y 轴显示范围至 - 2 ~ 2
plt.show()
```

## 17.5  图例（legend）

当我们在同一个画布中绘制了多个图形时，可以使用图例标注各个图形的名称或注释，但使用的绘图函数中必须设置了 label 参数。

➤ matplotlib.pyplot.legend(*args, **kwargs)

● *args: 本教程不使用，可自行查看文档。

● **kwargs:

■ loc: int 或 string，默认 'best'（即 0）。图例说明位置的字符换或编号，详细内容见表 17.3。

■ bbox_to_anchor: 格式为（x, y），表示图例框指定的参考位置 loc 相对于画布的左边界和下边界的正偏移量，x 和 y 取值范围为 0 ~ 1。

■ edgecolor: str，设置图例框的颜色，默认为灰色。

■ ncols: int，默认 1，设置共分几列绘制图例。

表 17.3　　　　　　　　　　图例位置字符串与编号

| 编号 | 字符串描述 | 编号 | 字符串描述 | 编号 | 字符串描述 |
|---|---|---|---|---|---|
| 0 | 'best' | 4 | 'lower right' | 8 | 'lower center' |
| 1 | 'upper right' | 5 | 'right' | 9 | 'upper center' |
| 2 | 'upper left' | 6 | 'center left' | 10 | 'center' |
| 3 | 'lower left' | 7 | 'center right' | | |

【例 17.8】legend 常规使用，如图 17.4(a)所示

```
import numpy as np
import matplotlib.pyplot as plt

x = np.linspace( -1, 1, num = 25)
y1 = x ** 2
```

```
y2 = x ** 4
plt.plot(x, y1, 'o - k', label = 'y1')                          # 设置 label
plt.plot(x, y2, 's - b', label = 'y2')                          # 设置颜色、线型和 label
plt.legend(loc = 9, fontsize = 21, edgecolor = 'k')            # 设置图例位置和字号
plt.show()
```

【例17.9】参数 bbox_to_anchor，如图17.4(b)所示

```
import numpy as np
import matplotlib.pyplot as plt

x = np.linspace( -2, 2)
y = x ** 2
plt.plot(x, y, color = 'k', label = 'y')                        # 设置 label
# 设置图例框左上角(loc)的位置为从左边界起 30% 和从下边界起 60% 的位置
plt.legend(loc = 'upper left', bbox_to_anchor = (0.3, 0.6), edgecolor = 'k', fontsize = 20)
plt.show()
```

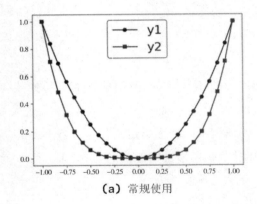
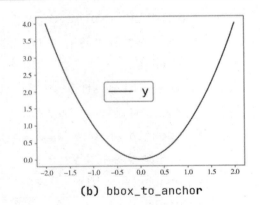

(a) 常规使用                                (b) bbox_to_anchor

图17.4　legend 图例

# 17.6　参考标识

## 17.6.1　水平参考线

➢ matplotlib.pyplot.axhline(y = 0, xmin = 0, xmax = 1, **kwargs)

- y: scalar，水平参考线的方程，可选，默认 y = 0。
- xmin, xmax：scalar，取值 0 ~1，表示参考线的左、右边界。以 x 轴正方向参考，如 xmin = 0.25, xmax = 0.75 表示左右边界为绘制出的 x 轴的25% ~75% 的区域。

- **kwargs：见表16.1。

### 17.6.2　垂直参考线

➢ matplotlib.pyplot.axvline(x = 0, ymin = 1, ymax = 1, **kwargs)
- x：scalar，垂直参考线的方程，可选，默认 x = 0。
- ymin, ymax scalar，取值 0 ~ 1，表示参考线的上、下边界。以 y 轴正方向参考，如 ymin = 0.25，ymax = 0.75 表示上下边界为绘制出的 y 轴的25% ~ 75% 的区域。
- **kwargs：见表16.1。

### 17.6.3　垂直参考区域

➢ matplotlib.pyplot.axhspan(ymin, ymax, xmin = 0, xmax = 1, **kwargs)
- ymin, ymax：scalar，参考区域下界和上界。
- xmin, xmax：scalar，取值 0 ~ 1，表示参考区域左、右边界。以 x 轴正方向参考，如 xmin = 0.25，xmax = 0.75 表示左右边界为绘制出的 x 轴的25% ~ 75% 的区域。
- **kwargs：见表16.1。

### 17.6.4　水平参考区域

➢ matplotlib.pyplot.axvspan(xmin, xmax, ymin = 0, ymax = 1, **kwargs)
- xmin, xmax：scalar，参考区域左边界和右边界。
- ymin, ymax：scalar，取值 0 ~ 1，表示参考区域上、下边界。以 y 轴正方向参考，如 ymin = 0.25，ymax = 0.75 表示上下边界为绘制出的 y 轴的25% ~ 75% 的区域。
- **kwargs：见表16.1。

【例17.10】参考线，如图17.5(a)所示

在原点 (0, 0) 绘制参考线（x = 0 和 y = 0），其中完整绘制垂直方向的参考线并局部绘制水平方向的参考线。

```
import numpy as np
import matplotlib.pyplot as plt
```

```
x = np.linspace(-1, 1)
y1 = x ** 2
y2 = x
plt.plot(x, y1)
plt.plot(x, y2)
plt.axvline(ls = '--', color = 'k')            # 标注垂直参考线,使用默认值
plt.axhline(xmin = 0.25, xmax = 0.75, ls = '--', color = 'k')   # 指定水平参考线范围
plt.show()
```

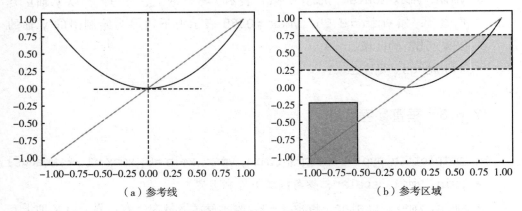

（a）参考线　　　　　　（b）参考区域

图 17.5　参考标识

【例 17.11】参考区域，如图 17.5(b)所示

```
import numpy as np
import matplotlib.pyplot as plt

x = np.linspace(-1, 1)
y1 = x ** 2
y2 = x
plt.plot(x, y1)
plt.plot(x, y2)
plt.axvspan(-1, -0.5, ymin = 0, ymax = 0.4, color = 'g', alpha = 0.5)   # 设置垂直范围
plt.axhspan(0.25, 0.75, color = 'b', ls = '--', alpha = 0.5)            # 设置线型
plt.show()
```

## 17.7　网格线（grid）

➤ matplotlib.pyplot.grid(visible = None, which = 'major', axis = 'both', **kwargs)

• visible：bool 或 None，是否显示网格线，None 和 True 相同，False 则

不显示网格线。

- which：str，显示哪个刻度的网格线，可取{'major', 'minor', 'both'}，分别表示主要刻度、次要刻度和两个都显示。主要刻度和次要刻度通过本章 17.4 节部分介绍的 x_ticks 和 y_ticks 设置。
- axis：str，指定为哪一个轴添加网格线，可选，默认'both'，可选'x'和'y'。
- **kwargs：见表 16.1。

【例 17.12】网格线的一般使用，如图 17.6(a)所示

```
import numpy as np
import matplotlib.pyplot as plt

x = np.linspace(-1, 1)
y1 = x ** 2
y2 = x
plt.plot(x, y1)
plt.plot(x, y2)
plt.grid(ls = '--')                    # 设置网格线线型为 --
plt.show()
```

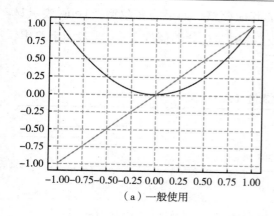 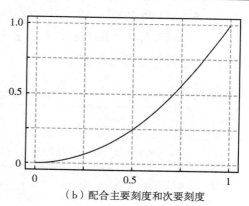

（a）一般使用　　　　　　　　（b）配合主要刻度和次要刻度

图 17.6　网格线

【例 17.13】网格线配合主要刻度和次要刻度，如图 17.6(b)所示。分别为 x 轴和 y 轴设置主要刻度和次要刻度，且不显示次要刻度

```
import numpy as np
import matplotlib.pyplot as plt

x = np.linspace(0, 1)
y = x ** 2
major_ticks = (0, 0.5, 1)              # 主要刻度的刻度位置
```

```
minor_ticks = (0.25, 0.75)                        # 次要刻度的刻度位置
plt.xticks(major_ticks, major_ticks)              # 设置 x 轴主要刻度
plt.yticks(major_ticks, major_ticks)              # 设置 y 轴主要刻度
plt.xticks(minor_ticks, None, minor = True)       # 设置 x 轴次要刻度，且不显示
plt.yticks(minor_ticks, None, minor = True)       # 设置 y 轴次要刻度，且不显示
plt.plot(x, y)
plt.grid(ls = '--', color = 'k', lw = 1.3)        # 绘制主刻度网格
plt.grid(ls = ':', which = "minor", color = 'k', lw = 1.3)   # 绘制次要刻度网格
plt.show()
```

## ◢ 17.8　坐标轴调整（axis）

➢ matplotlib.pyplot.axis(*args);
- *args：有两种书写方式，但一次只能使用一种方式。
  - array - like：以元组为例，格式为（xmin, xmax, ymin, ymax），即对应位置数字表示 x 轴和 y 轴的显示范围，与 plt.xlim 和 plt.ylim 效果相同。
  - str 或 bool：表示对坐标轴的其他调整，如果为布尔型，True 表示显示坐标轴，False 表示不显示坐标轴（包含图像的边框）。若为字符串，具体说明见表 17.4。

表 17.4　　　　　　　　　　　　　axis 参数表值（str）

| 值 1 | 说明 1 | 值 2 | 说明 2 |
| --- | --- | --- | --- |
| on | 显示坐标轴和刻度标签，同 True | tight | 紧凑绘图 |
| off | 关闭坐标轴和刻度标签，同 False | auto | 自动设置缩放比例 |
| equal | x 轴和 y 轴实行相同的比例缩放 | image | 按数据点的范围缩放坐标轴 |
| scaled | x 轴和 y 轴实行相同的比例缩放 | square | 同 scaled，强制 xmax - xmin == ymax - ymin |

　　主要使用'equal'和'off'，可自行测试，默认的图像 y 轴都被压缩过，因此图像在垂直方向会有一定的失真，这对某些图形的使用会有影响（例如正方形等对称图形），因此出现类似问题时需要设置'equal'。有些图形不需要坐标轴则需要设置'off'关闭坐标轴。

## ▲ 17.9　中文支持

Matplotlib 和 Seaborn 默认的字体为英文字体，不支持中文，需要设置字体后才能支持。需要加入以下代码。以下代码必须出现在图片展示和保存之前，且对 Seaborn 也有效。

```
import matplotlib.pyplot as plt

plt.rcParams['font.sans - serif'] = ['SimHei']        # 设置字体为黑体,正常显示中文
plt.rcParams['axes.unicode_minus'] = False            # 更改字体后正常显示负号
```

以上代码将字体设置为黑体，常用中文字体的还有：宋体（SimSun）、楷体（Kaiti）等。

## ▲ 17.10　日期坐标的处理

有些图形的坐标刻度内容较长（如日期），会存在重叠问题，可以使用前面的 ticks 设置解决问题，Matplotlib 也支持日期数据格式，但使用较复杂，本书建议使用字符串拼接。另外，此问题也可以通过 Figure 对象的 autofmt_xdate 处理，本书不再介绍。

【例 17.14】日期坐标重叠问题，如图 17.7(a)所示

```
import numpy as np
import matplotlib.pyplot as plt

x = np.arange(1, 13)
y = (x - 6) ** 2
plt.plot(x, y)
xlabels = []
for m in x:                                  # 拼接日期字符串
    xlabels.append(f'2023 - {m}')            # 添加到 xlabels 中
plt.xticks(x, xlabels)                       # 将 x 轴刻度替换
plt.show()
```

图 17.7(a)中 x 坐标出现了大量的重叠，解决方案有两种：一种是减少 x 轴刻度，使其变得更稀疏从而不会重叠；另一种是对日期坐标进行旋转。

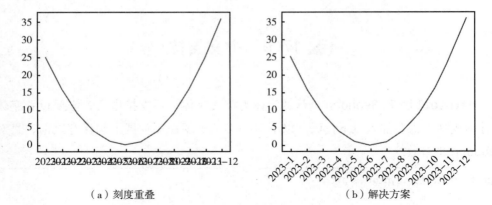

图 17.7　日期坐标

【例 17.15】日期问题解决方案，如图 17.7(b)所示

```
import numpy as np
import matplotlib.pyplot as plt

x = np.arange(1, 13)
y = (x - 6) ** 2
plt.plot(x, y)
xlabels = []
for m in x:                                           # 拼接日期字符串
    xlabels.append(f'2023 - {m}')                     # 添加到 xlabels 中
# 将 x 轴刻度替换，逆时针旋转 30°，并进行居中对齐（日期和刻度居中对齐）
plt.xticks(x, xlabels, rotation = 30, ha = 'center')
plt.show()
```

## ▲ 17.11　习题

1. 编写函数 quadratic_plot(a, b, c, xmin, xmax, num = 50)，用 num 个点在区间[xmin, xmax]上绘制抛物线 $y = ax^2 + bx + c$，并自动添加最值标识以及对称轴。

2. 编写函数 sin_plot(n: int)，且 n > 0，在区间[- nπ, nπ]上绘制完整的正弦函数图像，并标注 x 轴的坐标为弧度。

3. 编写函数 circle(x, y, r)，绘制以(x, y)为圆心，r 为半径的圆。并在圆心处用文本标注圆心坐标，并观察图像显示是否存在问题。

## 18.1 箭头（arrow）

➢ matplotlib.pyplot.arrow(x, y, dx, dy, **kwargs)

• x, y: scalar，箭头线的基（base），即箭尾末端的坐标，箭头组成如图 18.1(a)所示。

• dx, dy: scalar，箭头在 x 方向和 y 方向的长度，可为负，dx 和 dy 决定了箭头线的箭尾的长度。

• **kwargs：

  ■ width：scalar，默认 0.001，箭头线条（箭尾）的宽度。

  ■ length_includes_head: bool，默认 False，若为 True，整个箭头线的长度计算包含了箭头的长度，若为 False，长度仅为箭尾的长度，整个箭头线的长度会比 dx 和 dy 决定的长度更长。

  ■ head_width: scalar，默认 3 * width，箭头的宽度，不设置 width 时建议设置该参数。

  ■ head_length: scalar，默认 1.5 * head_width，箭头的长度。

  ■ shape：str，默认'full'，箭头的形状，可选值 {'left', 'right', 'full'}，'left'表示左半箭头，以此类推。

  ■ overhang：scalar，默认 0，可为负，箭头尾部的后掠程度，箭头后掠的含义如图 18.1(b)所示。

  ■ alpha、color 或 c：与表 16.1 中相同。

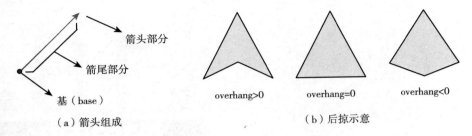

（a）箭头组成　　　　　　　　　overhang>0　　　overhang=0　　　overhang<0
　　　　　　　　　　　　　　　　　　　（b）后掠示意

**图 18.1　箭头**

【例 18.1】arrow，如图 18.2 所示

```
import matplotlib.pyplot as plt
import numpy as np

x = np.linspace(0, 2, num =6)
y = x
dx = x + 0.1
dy = 0.25 * x ** 2
for i in range(0, x.size):
    plt.arrow(x[i], y[i], dx[i], dy[i], head_width =0.1, color = 'k',
              overhang =0.3, length_includes_head = True)
plt. show()
```

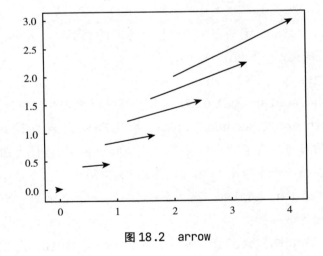

**图 18.2　arrow**

# 18.2　柱形图（bar）

## 18.2.1　柱形图的绘制

➢ matplotlib.pyplot.bar (x, height, width = 0.8, bottom = 0, *,

```
align = 'center', **kwargs)
```

- x：array - like，一维，表示图中柱形对应 x 轴的位置。
- height：array - like，一维，与 x 对应，表示对应柱形的高度。
- width：scalar 或 array - like，若为单一数字，表示所有柱形的宽度（单位同坐标轴，如宽度为 1，即柱形在 x 轴上占 1 个单位），若为类数组（与 x 对应），则分别设置每一个柱形的宽度，默认 0.8。
- bottom：array - like，设置柱形底部的位置，使用同 width，默认为 0。
- align：str，定义柱体排列的对齐方式，可取值为 {'center', 'edge'}，默认 'center'。'center' 表示柱体中心线与 x 坐标对齐，'edge' 表示柱体左边缘与 x 坐标对齐。
- **kwargs：
  - xerr, yerr：scalar 或 array - like（与 x 的规模对应），默认 None，如果不是 None，会在柱形顶部绘制 x 方向或 y 方向的误差棒，若 xerr 或 yerr 的值为 value，则误差棒范围即为对应值的 + / - value，通常设置为数据的标准差，描述离散程度。
  - capsize：float，误差棒帽子的长度。
  - hatch：str，柱形填充图案，可选值有 {'/', '\\', '|', '-', '+', 'x', 'o', 'O', '.', '*'}。
  - ecolor：str，设置误差棒线条的颜色。
  - 其他参数见表 16.1。

【例 18.2】bar - 1，如图 18.3 所示。本例仅为了展示 width 参数为数组时的情形，通常不建议使用这样的绘图模式

```
import numpy as np
import matplotlib.pyplot as plt


x = np.arange(0, 9)
y = np.empty(len(x))
for i in range(0, len(x)):
    y[i] = 0.5 * np.cos(x[i]) + 1
w = np.empty(len(x))                    # 分别设置 bar 的宽度
for i in range(0, len(x)):              # bar 从左到右逐渐变宽
    w[i] = 0.1 + i * 0.1
plt.bar(x,y,color = 'g',width = w,edgecolor = 'k',lw =1.2)
plt.show()
```

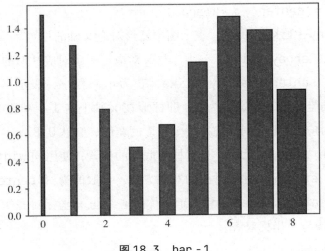

图18.3 bar-1

## 18.2.2 堆叠柱形图

【例18.3】堆叠柱形图,如图18.4(a)所示:在同一个画布上绘制多组柱形图时,后绘制的图会遮挡先绘制的图,因此需要使用bottom参数抬高

```python
import numpy as np
import matplotlib.pyplot as plt

x = np.arange(1, 6)
y1 = 0.5 * x
y2 = y1 + 0.5
plt.bar(x, y1, color = 'w', edgecolor = 'k', hatch = '*')
plt.bar(x, y2, bottom = y1, color = 'w', edgecolor = 'k', hatch = '\\')    # 设置 y2 的 bottom
plt.show()
```

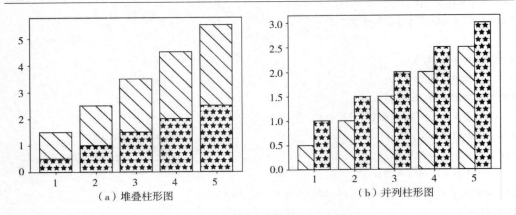

（a）堆叠柱形图    （b）并列柱形图

图18.4 柱形图高级应用

### 18.2.3 并列柱形图

【例18.4】如图18.4(b)所示，将例18.3更改为并列柱形图，需要使y1适当左移，y2则适当右移，并且同时减少y1和y2的width值。如果x轴不使用数字而是字符等进行描述，还需要调整x轴的ticks，使得x轴上的标签显示在每一组数据的柱状图的中心位置

```python
import numpy as np
import matplotlib.pyplot as plt

x = np.arange(1, 6)
y1 = 0.5 * x
y2 = y1 + 0.5
width = 0.4                                    # 设置宽度,避免重叠,y1左移 y2右移
plt.bar(x - 0.5* width, y1, width = width, color = 'w', edgecolor = 'k', hatch = '\\')
plt.bar(x + 0.5* width, y2, width = width, color = 'w', edgecolor = 'k', hatch = '*')
plt.show()
```

## 18.3　水平条形图（barh）

水平方向的柱形图，使用方法与柱形图（bar）完全相同。

➤ matplotlib.pyplot.barh(y, width, height = 0.8, left = None, *, align = 'center', **kwargs)

- y: array - like，一维，表示图中柱体对应y轴的位置。
- width: array - like，一维，与y对应，表示对应柱体的宽度。
- height: scalar或array - like，若为单一数字，表示所有柱体的高度（单位同坐标轴，如宽度为1，即柱体在y轴上占1个单位），若为类数组（与y对应），则分别设置每一个柱体的高度，默认0.8。
- left: array - like，设置柱体底部的位置，使用同hight，默认为0。
- align: str，定义柱体排列的对齐方式，同bar。
- **kwargs：与matplotlib.pyplot.bar的**kwargs相同。

【例18.5】barh，如图18.5所示

```python
import numpy as np
import matplotlib.pyplot as plt
```

```
x = np.linspace(start =0, stop =9, num =10)
y = np.empty(len(x))
for i in range(0, len(x)):
    y[i] = 0.5 * np.cos(x[i]) + 1
plt.barh(x, y, color = 'b', alpha =0.5)
plt.show()
```

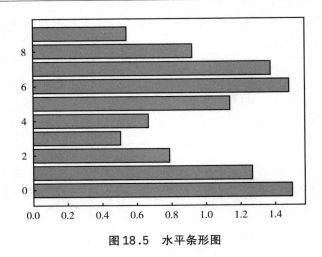

图 18.5 水平条形图

## ▲ 18.4 饼图（pie）

饼图用于展示各成分的占比，本教程仅介绍基本使用，参数有缺失，建议使用关键字传入。

➢ matplotlib.pyplot.pie(x, explode = None, labels = None, colors = None, autopct = None, startangle = 0, counterclock = True, textprops = None)

• x：array - like，一维非负，表示图中楔形的尺寸，若 sum(x) < 1，则 x 中的每一个值都是对应比例，缺失部分饼图中会出现空白，若 sum(x) >= 1，则会自动计算 x[i]/sum(x) 来完成绘图。

• labels：array - like of str，一维，与 x 对应，表示对应楔形的名称。

• colors：array - like of str，对应 x，即指定对应楔形的颜色。

• autopct：str，标准化字符串，用数字占位符指定位置，并显示该楔形所占百分比，常用的标准化格式为 '[string] [%d 或%.nf] [%%]'，其中 [string] 为固定要写的字符串，如 ratio: 等,%d 表示整数类型,%.nf 表示保留 n 位小数的浮点数,%% 即%号，默认为 None。

- startangle：scalar，绘制饼图时的开始角度（相对于 x 轴正方向逆时针旋转的角度），单位为度，默认 0。
- couterclock：bool，是否按逆时针方向绘制，True 则逆时针（默认），False 则顺时针。
- explode：array - like，表示饼图中每一块切片之间的距离，默认 None。
- textprops：dict，以字典的形式传入文本参数，见表 17.1。

【例 18.6】pie，如图 18.6 所示。

```
import matplotlib.pyplot as plt

x = [1, 2, 1, 3]
labels = ['American', 'Korean', 'Japanese', 'Chinese']
e = [0.02]* 4
plt.pie(x, autopct = '%.1f%%', labels = labels, startangle =90,
        explode = e, textprops = {'fontsize': 16})
plt.show()
```

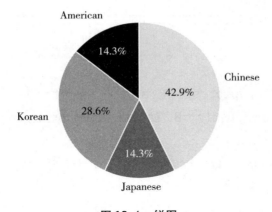

图 18.6　饼图

## ◤ 18.5　棉棒图（stem）

### 18.5.1　色环（color cycle）

棉棒图中颜色的设置需要使用到色环。色环使用字符串"Cn"表示，C 为保留字母，n 表示使用的颜色在色环上的索引，取值为 0 ~ 9，依次对应 blue、orange、green、red、purple、brown、pink、gray、olive 和 cyan。如果 n >=10，则会在色环上循环使用颜色，例如"C10"等价于"C0"。使用色环索引设置颜色也可以用于其他图形绘制时的 color 参数。

### 18.5.2　棉棒图绘制

棉棒图适用于描述一些数据点较密的离散序列，如图 18.7 所示。

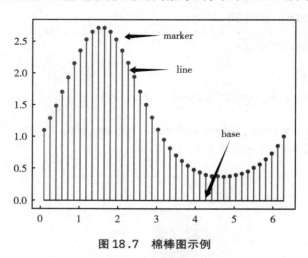

图 18.7　棉棒图示例

➢ matplotlib.pyplot.stem (*args, linefmt=None, markerfmt=None, basefmt=None, bottom=0, label=None, orientation='vertical')

● *args：
  ■ locs：array-like，棉棒的 x 坐标，若为水平方向，则为棉棒的 y 坐标。
  ■ heads：array-like，棉棒的高度。
● linefmt：string，str，棉棒样式，默认'C0-'。
● markerfmt：string，str，棉棒头样式，默认'C0o'。
● basefmt：string，str，基线样式，默认'C3-'。
● bottom：scalar，默认 0，基线的位置（垂直方向为 y 坐标，水平方向为 x 坐标）。
● label：str，图形标签，或名称（用于 legend 函数调用）。
● orientation：str，棉棒的方向，默认垂直，可取值 {'vertical', 'horizontal'}。

➢ linefmt 与 basefmt 格式：'[Cn][line]'或'[color][line]'
● Cn：表示棉棒线条使用的颜色在色环上的索引。

- **color**：表示棉棒线条使用的颜色。

- **line**：棉棒线条的线型。

- 颜色和线型可以只有一个，也可以交换顺序。

➤  **markerfmt** 格式：**'[Cn][marker]'** 或 **'[color][marker]'**

- **Cn**：表示棉棒头使用的颜色在色环上的索引。

- **color**：表示棉棒头使用的颜色。

- **marker**：棉棒头的点型。

- 颜色和点型可以只有一个，也可以交换顺序。

【例18.7】stem，如图18.8所示

```
import numpy as np
import matplotlib.pyplot as plt

locs = np.linspace(start = 0, stop = 20, num = 60)
headers = np.cos(0.3* locs)
plt.stem(locs, headers, markerfmt = 'C0p', basefmt = '- .r')
plt.show()
```

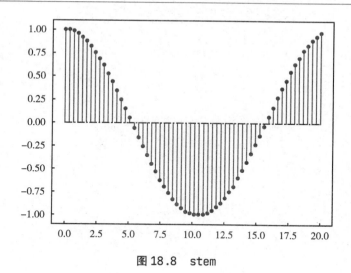

图18.8  stem

▶ **18.6  习题**

1. 在区间[-3,3]上绘制抛物线 $y = x^2$，并在点( -2, 4)、(0, 0)和(2, 4)三

个点上使用箭头绘制与曲线相切的箭头，并使用箭头长度描述该点的导数值。

2．自编三组数据，分别表示三个班的高等数学，线性代数和概率论的平均成绩，绘制并列柱形图，将三个班的同一门课平均成绩并列到一起，并更改 xticks 为科目名称。

3．生成 200 个服从二项分布 B(10，0.6)的随机数，绘制饼图描述随机数中所有数出现的频率。

4．自行测试棉棒图水平绘制时的参数含义。

第 **19** 章

# 子图划分、RGB色彩以及LaTex公式编辑

## ▲ 19.1 子图划分

有时候我们需要在一个画布上显示多个图形，此时需要使用到子图的划分。

### 19.1.1 subplot

subplot 使用三位十进制数 rcn 描述一张子图的位置。r、c 和 n 取值范围为 [1-9]，但 r*c 不应超过 9。rcn 表示把当前图分割为 r*c 个网格，并选中第 n 个 网格，网格顺序为最左上为 1，向右依次加 1，满则换行，网格号依次加 1，如 图 19.1 所示。

➢ matplotlib.pyplot.subplot(*args, **kwargs)

● *args：可变位置参数，有两种输入方式（一次只能选择一种）。

■ digit：一个 3 位十进制数，格式为"rcn"，即画布分为 r 行 c 列，共 r*c 个网格，按照从左到右、从上到下的顺序选中其中的第 n 个，且 r、 c 和 n 的取值范围均为[1, 9]。

■ nrows, ncols, index：按顺序传入三个整数，nrows 和 ncols 表示将 画布划分为 nrows 行和 ncols 列，在其中的第 index 个子图上绘制图 形，index 取值[1, nrows * ncols]，相比 digit，使用本参数模式子 图数量可以超过 9 个。

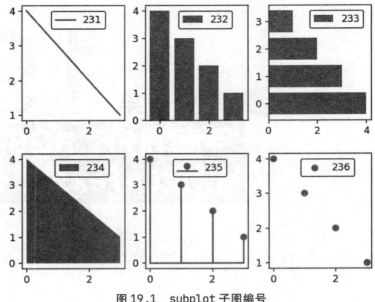

图 19.1 subplot 子图编号

- **\*\*kwargs**：可变关键字参数，设置相关辅助功能。
  - **projection**：str，坐标轴类型，可选值{None, 'aitoff', 'hammer', 'lambert', 'mollweide', 'polar', 'rectilinear', '3d'}。
  - **sharex, sharey**：Axes 对象，共享的坐标轴对象。
  - **label**：str，返回的 Axes 对象的 label。
  - **return**：axes.SubplotBase 对象，或其他 Axes 的子类对象。

【例 19.1】subplot，见图 19.1

```python
import matplotlib.pyplot as plt
import numpy as np

x = np.arange(0, 4)
y = 4 - x
# 在位置1绘制函数图
plt.subplot(231)
plt.plot(x, y, label = 231)
plt.legend(edgecolor = 'k')
# 在位置2绘制柱形图
plt.subplot(232)
plt.bar(x, y, label = 232)
plt.legend(edgecolor = 'k')
# 在位置3绘制横向柱形图
plt.subplot(233)
plt.barh(x, y, label = 233)
plt.legend(edgecolor = 'k')
```

```
# 在位置4绘制 fill 图
plt.subplot(234)
plt.fill_between(x, y, 0, label = 234)
plt.legend(edgecolor = 'k')
# 在位置5绘制 x 和 y 的棉棒图
plt.subplot(235)
plt.stem(x, y, label = 235)
plt.legend(edgecolor = 'k')
# 在位置6绘制散点图
plt.subplot(2, 3, 6)
plt.scatter(x, y, label = 236)
plt.legend(edgecolor = 'k')
plt.show()
```

> ➤ 关于返回的 Axes 对象
  - 返回的 Axes 子类对象可以直接调用各类绘图方法（如 plot），故若要在画布的不同子图中绘制不同坐标系类型的图，必须接收返回的 Axes 对象。详细的方法可在文档中查找 matplotlib.axes 子包的具体说明。
  - 此处的共享坐标轴（确切含义应为统一坐标轴），含义为使用和 share 的坐标轴完全一样的标尺，即相同的 x 显示范围和 y 显示范围。

【例19.2】绘制的子图中，如果上下相邻的子图的 x 坐标的显示范围不相同，会不方便读者准确进行数据对比，因此我们经常需要统一坐标轴的范围，y 轴同理。如图19.2所示，图中的第二列的两张图（子图222和子图224）没有共享坐标轴，导致两个图看上去完全一样，但实际上这两个图绘制的 x 范围并不相同

```
import numpy as np
import matplotlib.pyplot as plt

x1 = np.linspace( -1, 1)
x2 = np.linspace( -2, 2)
y1 = x1 ** 2
y2 = x2 ** 2
ax1 = plt.subplot(2, 2, 1)            # 获取子图221的坐标轴对象 ax1 并画图
ax1.plot(x1, y1, color = 'k', label = '221')    # 使用 ax1 调用绘图方法
plt.legend(loc =9, edgecolor = 'k', fontsize = 11)
ax2 = plt.subplot(2, 2, 2)            # 选择子图222,获取坐标轴 ax2
plt.plot(x1, y1, color = 'k', label = '222')    # 直接使用 plt 绘制子图
plt.legend(loc =9, edgecolor = 'k', fontsize =11)
ax3 = plt.subplot(2, 2, 3, sharex = ax1)    # 获取子图223的坐标轴,并和子图221共享 x 轴
ax3.plot(x2, y2, color = 'k', label = '223')    # 绘制子图
plt.legend(loc =9, edgecolor = 'k', fontsize = 11)
```

```
ax4 = plt.subplot(2, 2, 4)          # 获取子图 224 的坐标轴,不与子图 222 共享 x 轴
ax4.plot(x2, y2, color = 'k', label = '224')    # 使用 ax4 调用绘图方法
plt.legend(loc = 9, edgecolor = 'k', fontsize = 11)
plt.show()
```

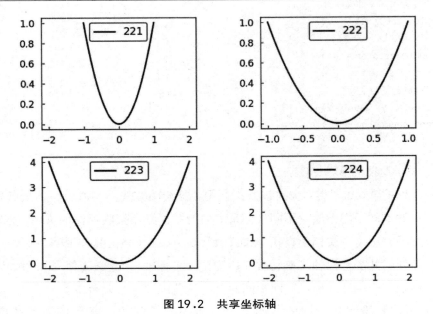

图 19.2　共享坐标轴

### 19.1.2　subplots

通常用于子图需要共享坐标轴的情况，且子图数量可以超过 10。

➤ matplotlib.pyplot.subplots(nrows = 1, ncols = 1, sharex = False, sharey = False, **fig_kw)

- nrows, ncols：int，子图划分数量，总共分出 nrows 行，ncols 列，共 nrows * ncols 个子图。

- sharex, sharey：bool 或 str，str 取{'none', 'all', 'row', 'col'}，默认 False：
  - True 或 'all'：sharex = True 表示每一列的子图共享 x 轴，sharey = True 表示每一行的子图共享 y 轴。
  - False 或 'none'：不共享坐标轴。
  - 'row'：sharex = 'row'表示每一列统一 y 轴的范围。sharey = 'row'表示每一行的子图共享 y 轴。
  - 'col'：sharex = 'col'表示每一列共享 x 轴。sharey = 'col'表示每一行统一 x 轴的范围。

- **fig_kw**：可变关键字参数，见本章 19.2.1 节 pyplot.figure 中涉及的参数。

- return：fig(Figure 对象)，ax(一个 Axes 对象或一个 ndarray of Axes)。

【例 19.3】subplots 共享坐标轴，如图 19.3 所示

```
import numpy as np
import matplotlib.pyplot as plt

x = np.linspace( -1, 1)
y1 = x
y2 = x ** 2
y3 = x ** 3
y4 = x ** 4
# 每一行都共享 y 轴,每一列都共享 x 轴
fig, axes = plt.subplots(2, 2, sharey = 'row', sharex = 'col')
axes[0][0].plot(x, y1)
axes[0, 1].plot(x, y2)
axes[1, 0].plot(x, y3)
axes[1, 1].plot(x, y4)
plt.show()
```

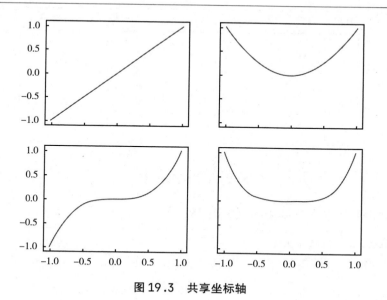

图 19.3　共享坐标轴

### 19.1.3　subplot2grid

如果需要在同一画布中绘制尺寸不同的子图，如图 19.4 所示，则需要使用

subplot2grid 进行子图的跨区域绘图，subplot2grid 对画布的划分编号与 sub-plot 不同，用行号和列号表示，如(1, 2)，且起始索引为 0，即左上第一个网格为 (0,0)。

➤ matplotlib.pyplot.subplot2grid(shape, loc, rowspan =1, colspan = 1)

- shape：两个整数序列，如(row, col)，表示画布尺寸，row 是行数，col 是列数。

- loc：两个整数序列，如(row, col)，当前要绘图的区域，row 是行数，col 是列数，注意索引起点为 0。

- rowspan：int，即从起始位置向下额外占用的子图（网格）数。

- colspan：int，即从起始位置向右额外占用的子图（网格）数。

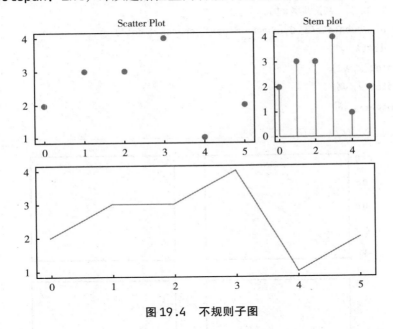

图 19.4　不规则子图

【例 19.4】绘制不规则子图（见图 19.4）

```
import matplotlib.pyplot as plt
import numpy as np

x = np.arange(0, 6)
y = [2, 3, 3, 4, 1, 2]
plt.subplot2grid((2, 3), (0, 0), colspan =2)        #跨两列
plt.scatter(x, y)
plt.title('Scatter Plot')
plt.subplot2grid((2, 3), (0, 2))                    #跨一列
```

```
plt.stem(y)
plt.title("Stem plot")
plt.subplot2grid((2, 3), (1, 0), colspan = 3)          # 跨三列
plt.plot(x, y)
plt.show()
```

### 19.1.4  调整子图

用于解决子图重叠问题。

➢ matplotlib.pyplot.subplots_adjust(left = None, bottom = None, right = None, top = None, wspace = None, hspace = None)

- left, bottom, right, top：scalar，子图群左（下、右、上）边缘位置，该数值表示的是宽度的比例，故不超过 1。
- wspace：scalar，水平子图之间的水平间距，表示坐标轴长度的比例，故不超过 1。
- hspace：scalar，垂直子图之间的垂直间距，表示坐标轴长度的比例，故不超过 1。

【例 19.5】调整 hspace 解决 title 重叠，如果没有本例中调整 hspace 的语句，绘制结果如图 19.5(a)所示，调整后的结果如图 19.5(b)所示

```
import matplotlib.pyplot as plt
import numpy as np

x = np.arange(0, 6)
y = [2, 3, 3, 4, 1, 2]
plt.subplot2grid((2, 3), (0, 0), colspan = 2)
plt.scatter(x, y)
plt.title('Scatter Plot')
plt.subplot2grid((2, 3), (0, 2))
plt.stem(y)
plt.title("Stem plot")
plt.subplot2grid((2, 3), (1, 0), colspan = 3)
plt.plot(x, y)
plt.title('plot')
plt.subplots_adjust(hspace = 0.4)          # 调整 hspace
plt.show()
```

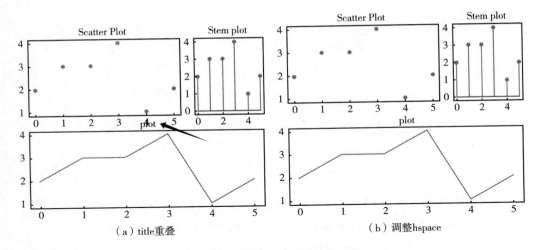

（a）title重叠　　　　　　　　　（b）调整hspace

图 19.5　子图间距调整

# 19.2　Figure 对象

## 19.2.1　Figure 对象的创建和选择

全称 matplotlib.figure.Figure，简称 Figure，画布对象。

➢ matplotlib.pyplot.figure(num = None, figsize = (6.4, 4.8), dpi = None, *, facecolor = 'white', clear = False)

- num：int，画布编号，默认为 None，即使用 figure()时，新建画布，若 num 指定的画布已经存在，则使用该已存在画布，num 的编号从 1 开始。

- **figsize**：(标量，标量)，画布尺寸，默认 (6.4, 4.8)，单位为英尺，默认画布不是正方形，会导致有些绘图函数的图形会被一定程度压扁，有些图形的显示会受到次问题的影响导致失真，出现此情况时可以使用本参数修改画布尺寸。

- dpi：float，图像每英寸点数（DPI），越大图像越清晰。

- facecolor：str，定义画布背景色，默认 'w'。

- clear：bool，默认 False，当为 True 且选择的画布已存在时，清空画布。

- return：新建或已经存在的 Figure 对象，用于进一步修改画布。

**【例19.6】** Figure 对象

（1）绘制 y = 2x - 5 后，新建一个画布绘制 y = x**3，发现 y = x**3 绘制在 Figure 2 上，如图 19.6(a)所示。

```
import matplotlib.pyplot as plt
import numpy as np

x = np.linspace(0, 11)
y = 2 * x - 5
plt.plot(x, y)
plt.figure()
plt.plot(x, x ** 3)
plt.show()
```

（2）新建画布后，再选择回第一个画布，绘制一个 y = np.sqrt(x)，如图 19.6(b) 所示。

```
import matplotlib.pyplot as plt
import numpy as np

x = np.linspace(0, 11)
y = 2 * x - 5
plt.plot(x, y)
plt.figure()
plt.plot(x, x ** 3)
plt.figure(1)
plt.plot(x, np.sqrt(x))
plt.show()
```

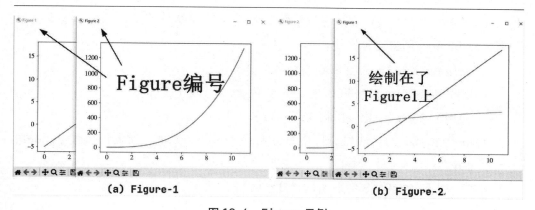

图 19.6　Figure 示例

## 19.2.2　保存图像

➤ matplotlib.pyplot.savefig(fname, *, dpi = 'figure', format =

None,bbox_inches = None, pad_inches = 0.1, facecolor = 'auto')

➤ Figure.savefig（参数与 plt.savefig 相同 ）

- fname：str，保存的文件名（包含路径），若不包含扩展名，默认 png。
- dpi：int，每英寸点数，默认使用当前图像的设置。
- format：str，存储的格式，有 png，jpg，jpeg，pdf，eps 等。
- bbox_inches：str，默认 None，调整画布页边距，可设置为'tight'，设置后保存的图片的白边会被裁小，整个图形更加紧凑。
- pad_inches：float，若设置 bbox_inches = 'tight'，可用于设置页边距。
- facecolor：str，画布的背景色，默认'white'。

**注意**：必须在 plt.show()之前存储。在辅助元素的调整和美化方面，保存到硬盘的图片可能和 show 显示的不同（主要在涉及子图时）也可手工在画布窗口上点击保存按钮保存。

## ◤ 19.3　RGB 色彩

　　RGB 色彩模式是工业界的一种颜色标准，是通过对红（R）、绿（G）、蓝（B）三个颜色通道的变化以及它们相互之间的叠加来得到各式各样的颜色。RGB 各有256 级亮度，用非负整数 0 ~ 255 表示。本教程不再列举 RGB 色彩表，读者可在网上查看。Matplotlib 在设置颜色时，除了特定字符和颜色英文单词外，也支持使用 RGB，RGB 的使用有两种格式：

➤ 使用#标识的 16 进制 RGB 编码字符串设置。
- 格式"#RGB"：如"#FF0000"表示红色。
➤ 使用十进制归一化（除以 255）设置。
- 格式(R, G, B)：如(1, 0, 0)表示红色，可使用元组、列表和 numpy.ndarray。
- 归一化的 R、G、B 的取值均在 0 ~1 之间。

## ◤ 19.4　LaTex 公式编辑与字体

　　LaTeX 是一种基于 TEX 的排版系统，非常便于生成数学公式。Matplotlib 支持 LaTex 公式编辑，公式使用"＄"标识，字符串格式为:"＄公式＄"，公式写在两个"＄"符之间，建议使用 r - 字符串。LaTex 公式默认字母为斜体，数字为正体，若需要全部内容设置为直体，字符串格式为"＄\rm 公式＄"。另外如果要对公式中的内容单独设置字体，方法与中文支持类似，需要使用以下代码设置字体后，则两个"＄"之间的文本会使用特定字体，代码如下。

```
import matplotlib.pyplot as plt

plt.rcParams["mathtext.fontset"] = 'stix'    #公式字体设置为 Times 系列 stix 字体
```

以上代码将数学公式的字体设置为 stix，有时论文等出版物要求图片中的公式字体为 Times New Roman，而 Matplotlib 并不支持，可设置为同系列的 stix 达到同样效果。

LaTex 可以方便地书写希腊字母，常用希腊字母的 LaTex 对照表见表 19.1。

表 19.1                              常用希腊字母

| 字母 1 | 大写 1 | LaTex 1 | 小写 1 | LaTex 1 | 字母 2 | 大写 2 | LaTex 2 | 小写 2 | LaTex 2 |
|---|---|---|---|---|---|---|---|---|---|
| alpha | A | A | $\alpha$ | \ alpha | mu | M | M | $\mu$ | \ mu |
| beta | B | B | $\beta$ | \ beta | omega | $\Omega$ | \ Omega | $\omega$ | \ omega |
| gamma | $\Gamma$ | \ Gamma | $\gamma$ | \ gamma | pi | $\Pi$ | \ Pi | $\pi$ | \ pi |
| delta | $\Delta$ | \ Delta | $\delta$ | \ delta | lambda | $\Lambda$ | \ Lambda | $\lambda$ | \ lambda |
| epsilon | E | E | $\epsilon$ | \ epsilon | rho | P | P | $\rho$ | \ rho |
| epsilon | E | E | $\varepsilon$ | \ varepsilon | sigma | $\Sigma$ | \ Sigma | $\sigma$ | \ sigma |
| zeta | Z | Z | $\zeta$ | \ zeta | tau | T | T | $\tau$ | \ tau |
| eta | E | E | $\eta$ | \ eta | phi | $\Phi$ | \ Phi | $\phi$ | \ phi |
| theta | $\Theta$ | \ Theta | $\theta$ | \ theta | phi | $\Phi$ | \ Phi | $\varphi$ | \ varphi |
| lambda | $\Lambda$ | \ Lambda | $\lambda$ | \ lambda | psi | $\Psi$ | Psi | $\psi$ | \ psi |

本教程仅介绍几个常用 LaTex 特殊数学符号，见表 19.2，更多内容可查阅 LaTex 相关资料。其中一些符号以"\"开头，LaTex 不会读取空格，因此为了避免编译错误，建议多使用空格分隔不同的成分。另外，由于花括号用于标识整体内容，如果公式中要使用花括号，需要使用两个花括号，即"{{"和"}}"。以"$\beta^{x+2}$"为例，其 Latex 字符串为'＄\beta^{x +2}＄'。

表 19.2            LaTex 常用符号对照

| LaTex 符号 | 描述 | LaTex 示例 | 结果 |
|---|---|---|---|
| {} | 将花括号内的符号合并在一起 | | |
| ^ | 将右侧的第一个字符变上标 | x^k + 1 = x^{m + n} | $x^k + 1 = x^{m+n}$ |
| _ | 将右侧的第一个字符变下标 | \beta_i + \beta_{i - 1} | $\beta_i + \beta_{i-1}$ |
| \overline{} | 为{}内容添加上划线 | \overline{x + y} | $\overline{x+y}$ |
| \circ | 空心圆点 | 90^\circ | $90°$ |
| \prime | 撇号 | x^\prime | $x'$ |
| \hat{} | 为{}内容添加帽 | \hat{x} | $\hat{x}$ |
| \sqrt{}或 \sqrt[]{} | 求根 | \sqrt{x} + \sqrt[3]{x} | $\sqrt{x} + \sqrt[3]{x}$ |
| \cdot、\times、\div | 点乘,乘号,除号 | x \cdot y \times z \div 2 | $x \cdot y \times z \div 2$ |

**【例 19.7】**RGB 颜色、LaTex 公式编辑与公式字体设置,如图 **19.7** 所示

```
import matplotlib.pyplot as plt

plt.rcParams['font.sans - serif'] = ['SimHei']          # 设置字体为黑体
plt.rcParams['axes.unicode_minus'] = False              # 更改字体后正常显示负号
plt.rcParams["mathtext.fontset"] = 'stix'               # 设置公式字体为 stix

plt.plot([- 0.5, 0.5], [- 0.5, 0.5], color = '#FF00FF')
# 使用 Latex 书写公式,使用归一化 RGB 颜色设置文本颜色
plt.text(0.3, - 0.3, r' $ \alpha^{x +2} + \beta_0 $ ', color = (0, 0, 1), fontsize = 20)
# 设置公式字体,包括去除斜体
plt.text( - 0.4, 0.4, r'Python $Python3 $  $ \rm Python3 $ ', fontsize = 20)
plt.show()
```

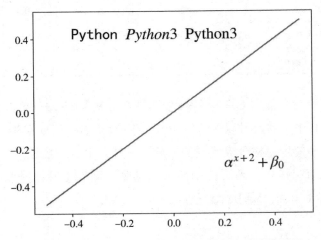

图 19.7    RGB 颜色、LaTex 公式编辑与公式字体设置

## ▲ 19.5 习题

1. subplot 函数的 *args 有哪几种使用方式?

2. 使用子图绘制 3* 3 个正弦函数 sin(ax + b) 的图形，同一行的图形有相同的 b，子图的 a 则从左到右逐渐增加。同一列子图具有相同的 a，b 则自上而下递减。

3. Matplotlib 的 RGB 颜色定义的格式是什么?

4. 如何使用 Matplotlib 书写数学公式? 如何指定数学公式的字体?

# 第20章
## 热力图与词云图

### 20.1 热力图（heatmap）

热力图是三维数据的二维表示，用颜色表示数值的强度。如二维直角坐标系中，则某一点的颜色相当于函数 $z = f(x, y)$ 的值，故可用作三维数据的粗略二维表示，热力图主要关心数据趋势和数值范围，而不是具体的值，通常需要搭配色棒使用，如图 20.1 所示。

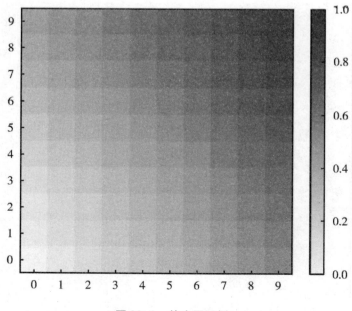

图 20.1　热力图示例

## 20.1.1 Matplotlib 绘制热力图

➤ matplotlib.pyplot.imshow(X, cmap = None, norm = None, *, aspect = None, interpolation = None, alpha = None, vmin = None, vmax = None, origin = None)

- X（大写）：array - like，支持的尺寸为(M, N)，即 M*N 矩阵，其值会根据 colormap 进行颜色映射，具体见参数 norm，cmap，vmin，vmax。
- cmap：str，可选，即 colormap 对象或规定可用的已设置 colormap 名称字符串，用于设置标量颜色的映射，默认值为'viridis'。常用的颜色映射方案见表 20.1。
- norm：str，归一化方法，将数据的值转换至[0, 1]内，默认不归一化，详见文档。
- aspect：str，外观设置，可取"equal"（默认）和"auto"，通常无需设置。
- interpolation：str，可选，使用的图像插值算法，默认为'antialiased'，更多内容见文档。
- vmin，vmax：scalar，指定标量数据和 colormap 的最大最小值对应关系。vmin 和 vmax 默认分别为 X 中数据的最小值和最大值。
- origin：str，可选，取值为{"upper", "lower"}，指定原点在坐标系的位置，默认"upper"，即 y 轴正方向垂直向下。

➤ matplotlib.pyplot.colorbar()

- Matplotlib 绘制的热力图默认没有色棒，使用此方法绘制色棒。

表 20.1　　　　　　　　　　　　常见 ColorMap 映射方案

| Color map | 描述 | Color map | 描述 |
|---|---|---|---|
| inferno | 视觉均匀渐变：黑—红—黄 | Blues | 白—深蓝 |
| magma | 视觉均匀渐变：黑—红—白 | Greens | 白—深绿 |
| plasma | 视觉均匀渐变：蓝—红—黄 | Oranges | 白—橙—深棕 |
| viridis | 视觉均匀渐变：蓝—绿—黄 | Purples | 白—深紫 |
| Greys | 白—黑（非线性） | Reds | 白—深红 |

【例 20.1】 imshow，如图 20.1 所示

```
import numpy as np
import matplotlib.pyplot as plt


num = 10
row = np.linspace(0, 0.5, num = num)
matrix = np.linspace(row, row + 0.4, num = num)        # 在 0 轴方向构造矩阵
ticks = np.arange(0, num)                              # 设置刻度
plt.xticks(ticks, ticks)                               # 显示 x 轴所有刻度
plt.yticks(ticks, ticks)                               # 显示 y 轴所有刻度
# 设置 colormap，最大值，最小值，并调整 y 轴正方向
plt.imshow(X = matrix, cmap = 'Greens', vmin = 0, vmax = 1, origin = 'lower')
plt.colorbar()                                         # 调出色棒
plt.show()
```

## 20.1.2　Seaborn 绘制热力图

➢ seaborn. heatmap (data, *, vmin = None, vmax = None, cmap = None, annot = None, fmt = '.2g', linewidths = 0, linecolor = 'white', cbar = True, xticklabels = 'auto', yticklabels = 'auto', mask = None)

- data：2D array - like，支持 pandas.DataFrame 对象，如果使用 DataFrame，其属性 index 和 columns 会被用于标注行和列在坐标轴上的刻度。

- vmin，vmax：scalar，使用 vmin 和 vmax 来指定标量数据和 colormap 的最大最小值对应关系。缺省则 vmax 为数据集中的最大值，vmin 为数据集中的最小值。

- cmap：str，规定可用的已注册 colormap 名称字符串，用于设置标量颜色的映射。

- annot = None：bool 或矩阵，是否在热力图的单元格内显示数值，如果设置为 True，会将该单元格对应的数值显示在单元格上，如果是一个矩形数据集（尺寸必须与 data 相同），则会将矩形数据集的数据对应显示在单元格上，内容只能是数字。

- fmt：str，可选，在单元格上显示的数字的格式化字符串的格式，常用即第 6 章格式化字符串中的" [.precision][type]" 格式。

- linewidths：scalar，可选，分隔单元格的线条的宽度，默认 0。

- linecolor：str，可选，分隔单元格的线条的颜色，默认 'white'。

- cbar：bool，是否显示色棒（color bar），默认 True。

- xticklabels, yticklabels：'auto'、bool、array - like、int，设置 x 轴和 y 轴的刻度，布尔型表示是否将 DataFrame 的 index 和 columns 作为刻度显示。array - like 即要显示的刻度数组，整数表示每几个刻度中显示一个，用于刻度较多的情况，"auto" 即为默认自动。如果使用的 data 不是 DataFrame，且未设置坐标轴刻度，默认即行号和列号（从 0 开始），与矩阵的对应关系相同，行从上到下，列从左到右。

- mask：与 data 相同尺寸的掩盖矩阵，矩阵数据为布尔型，指定位置如果为 True，该热力方格中的数字和颜色都将被遮挡，若为 False，则该位置的图像正常显示。

- square：bool，可选，若为 True，则按照坐标轴的尺寸把热力图中的方格都修正为正方形，多子图时建议使用。

【例 20.2】heatmap，如图 20.2 所示

```
import numpy as np
import matplotlib.pyplot as plt
import seaborn as sns

num = 10
row = np.linspace(0, 1, num = num)
matrix = np.linspace(row, row + 1, num = num)
ticks = np.arange(0, num)
sns.heatmap(matrix, cmap = 'Greens', annot = True)      # 设置 colormap, 并显示数字
plt.show()
```

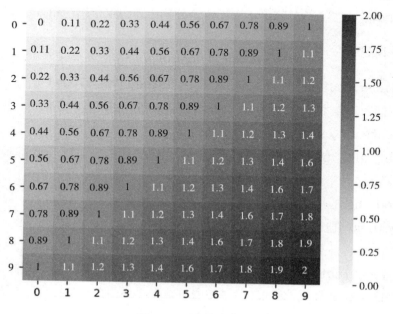

图 20.2　热力图示例

### 20.1.3  更多的 ColorMap 方案

本章介绍的 ColorMap 方案已经足够使用，但 Matplotlib 提供的 ColorMap 方案远远不止这些，具体查询方法为：打开 Matplotlib 文档，点击上方的 Tutorials 部分，然后在左侧的 color 选项卡中找到 Choosing Colormaps in Matplotlib 并点击部分，也可在文档中直接搜索 Choosing Colormaps in Matplotlib 即可完成定位。

## ▲ 20.2  词云图（wordcloud）

### 20.2.1  jieba 分词器

jieba 分词器用于将中文文本中的词语从文本（语句）中分离出来，jieba 属于第三方库，故需要使用 pip 安装，本书使用版本为 0.42.1，安装命令为：

```
pip install jieba
```

文本分词后可用于一些文本处理。通常在文本处理中，会忽视一些词语，例如英文的"the""an""want"等，中文则如"了""啊"等，这类词被称为停用词（stop word），需要人为处理。本书不讨论分词原理，仅介绍使用方法。

#### 1. 分词处理

➤ jieba.lcut(sentence, cut_all = False, HMM = True)
- 功能：对文本 sentence 进行分词，结果存放在列表中返回。
- sentence：str，要分割词语的句子。
- cut_all：bool，若为 True，则为全模式，False 则为精准模式，默认 False。
- HMM：bool，是否使用 HMM（隐马尔科夫模型）。
- return：list，分词结果。

➤ jieba.lcut_for_search(sentence, HMM = True)
- 功能：对文本 sentence 进行搜索引擎模式分词，结果存放在列表中返回。
- sentence：str，要分割词语的句子。

- HMM: bool，是否使用 HMM（隐马尔科夫模型）。
- return: list，分词结果。

**【例20.3】** 直接获取列表结果

```
import jieba

sentence = '我来到云南财经大学统计与数学学院'          # 要分词的语句
words1 = jieba.lcut(sentence)                         # 使用 lcut 分词,直接获得列表
words2 = jieba.lcut_for_search(sentence)             # 使用 lcut_for_search 分词，直接获得列表
print('words1: ', words1)
print('words2: ', words2)
--------------------------------运行结果--------------------------------
words1: ['我', '来到', '云南', '财经大学', '统计', '与', '数学', '学院']
words2: ['我', '来到', '云南', '财经', '大学', '财经大学', '统计', '与', '数学', '学院']
```

### 2. 加载自定义词典

jieba 分词器使用了内置的词典进行分词，但任何词典都有局限性，例如，我们要对文本"数据科学与大数据技术"进行精准模式分词，会将"大数据"和"数据科学"进行进一步分割，如〖例20.4〗中 words1 结果。但实际上"大数据"和"数据科学"已经是完整的词，此时就可以通过添加用户的本地词典来扩充 jieba 分词器的词典来实现，需要使用如下函数。

➢ jieba.load_userdict(f)

- f: str，本地词典的位置，该词典是一个文本文件，通常是 txt 文件，该文件中每一行是一个词，且必须是 UTF - 8 编码。

**【例20.4】** 我们在程序脚本所在的位置创建一个 txt 文件"dict.txt"

```
大数据
数据科学
```

然后我们使用该词典扩展分词结果，代码如下。

```
import jieba

s = '数据科学与大数据技术'
words1 = jieba.lcut(s)
print('words1:', words1)                              # 未加载本地词典的分词结果
jieba.load_userdict('dict.txt')                       # 加载本地词典
words2 = jieba.lcut(s)
print('words2: ', words2)
--------------------------------运行结果--------------------------------
words1: ['数据', '科学', '与', '大', '数据', '技术']
words2: ['数据科学', '与', '大数据', '技术']
```

## 20.2.2　词云图

词云又称文字云，是对文本数据中出现频次较高的"关键词"在视觉上的突出呈现（如位置和字号），从而使人能够快速了解文本数据的主要表达意思，注意词云图的绘制结果不唯一。

词云图需要使用到三方库 wordcloud，本教程使用版本为 **1.9.1.1**，安装指令如下。

```
pip install wordcloud
```

### 1. WordCloud 生成词云图文件

WordCloud 类用于完成词频统计，可以自动清洗标点，并忽略字母的大小写。但传入的所有词语之间必须以**空格**分隔，因此中文需要进行分词并用空格分隔预处理后才能使用。通常使用 from wordcloud import WordCloud 来导入，绘制步骤如下。

（1）构造 WordCloud 对象，构造方法如下。

➢ WordCloud(font_path = None, width = 400, height = 200, max_words = 200, font_step = 1, max_font_size = None, min_font_size = 4, stopwords = None, background_color = 'black')

- 功能：WordCloud 类实例化及常用参数设置，本教程仅介绍基本用法，参数有缺省，因此参数都使用关键字模式传入。
- font_path：str，默认 None，若要处理中文，可设置为"msyh.ttc"。
- width：scalar，指定词云对象生成图片的宽度，默认 400 像素。
- height：scalar，指定词云对象生成图片的高度，默认 200 像素。
- max_font_size：scalar，指定词云中字体的最大字号，默认自动调节。
- min_font_size：scalar，指定词云中字体的最小字号，默认 4 号。
- background_color：str，指定词云图片的背景颜色，默认为黑色。
- stopwords：set 对象，也可以是列表、元组，指定词云的停用词列表，即不显示的单词列表，参数输入列表或元组会有警告，使用 set()转换即可消除警告。
- font_step：scalar，指定词云中字体字号的步进间隔，默认为 1。
- max_words：int，指定词云显示的最大单词数量，默认 200。

- return：WordCloud 对象。

（2）完成了 WordCloud 对象的构造后，调用 generate 方法生成词云图。

➤ WordCloud.generate(text)：处理文本并生成词云图。

- text：str，要处理的字符串文本。
- return：self。

（3）生成词云图后，可使用 matplotlib 的 show()函数展示，也可将词云图保存到硬盘。

➤ WordCloud.to_file(filename)：将结果图片生成图像文件。

- filename：str，要存储的图像文件名，PNG 或 JPG，不能省略扩展名。
- return：self。

【例 20.5】处理英文文本，结果保存在当前路径下的 En_wc.jpeg 中。英文文本很好处理，只需要直接传入语句即可，因为英文依靠空格即可分隔单词。结果 En_wc.jpg 如图 20.3(a)所示

```
from wordcloud import WordCloud

text = "life is short, you need python. Let's learn Python"    # 原始语句
wc = WordCloud(background_color = 'white')                      # 构造 WordCloud 对象
wc.generate(text)                                               # 生成词云图
wc.to_file('En_wc.jpeg')                                        # 保存词云图
```

（a）英文文本

（b）中文文本

图 20.3　词云图

【例 20.6】处理中文文本，结果保存在当前路径下的 Ch_wc.jpeg 中。由于中文文本不使用空格分隔词汇，因此必须使用 jieba 进行分词，然后使用空格" " 连接。由于"的""是""和"等词出现频率很高，但没有统计价值，因此需设置停用词，构造 WordCloud 对象时，要设置 font_path 参数，否则会出现乱码。结果 Ch_wc.jpg 如图 20.3(b)所示

```
from wordcloud import WordCloud
import jieba
```

**Python**
程序设计、仿真与数据可视化基础

```
text = '''工匠精神是社会文明进步的重要尺度、是中国制造前行的精神源泉、是企业竞争发展的品牌资本、是员
工个人成长的道德指引。"工匠精神"就是追求卓越的创造精神、精益求精的品质精神、用户至上的服务精神。'''
words = jiebalcut(text)                                    # 对中文文本进行分词
new_text = ' '.join(words)                                 # 合并为新文本
stop_tuple = ('的', '是', '就是')
stopwords = set(stop_tuple)                                # 构造停用词集合
# 构造 WordCloud 对象，设置停用词
wc = WordCloud(font_path = 'msyh.ttc', stopwords = stopwords,
               background_color = 'white')
wc.generate(new_text)                                      # 生成词云图
wc.to_file('Ch_wc.jpeg')                                   # 保存词云图
```

其中停用词的处理，通常可以将停用词存储在 **txt** 文件中。另外，在中文分词中时，经常会常把单字词语作为停用词（例如"好"等），可在分词时直接处理。

### 2. 使用 matplotlib 绘制词云图

直接使用 WordCloud 可以将图片直接保存下来，使用 **matplotlib** 可以将其直接显示出来，并自由选择下一步操作，绘制步骤为：①使用 WordCloud 生成词云；②调用 `plt.imshow` 函数，将 WordCloud 对象作为参数传入；③调用 `plt.axis('off')`函数关闭坐标轴显示；④调用 `plt.show()`显示图像。

【例 20.7】使用 **matplotlib** 绘制词云图，结果与〖例 20.6〗相同

```
from wordcloud import WordCloud
import jieba
import matplotlib.pyplot as plt

text = '''工匠精神是社会文明进步的重要尺度、是中国制造前行的精神源泉、是企业竞争发展的品牌资本、是员
工个人成长的道德指引。"工匠精神"就是追求卓越的创造精神、精益求精的品质精神、用户至上的服务精神。'''
words = jieba.lcut(text)                                   # 对中文文本进行分词
new_text = ' '.join(words)                                 # 使用空格将所有词连接成一个字符串
stop_tuple = ('的', '是', '和')                             # 设置几个停用词
stopwords = set(stop_tuple)                                # 构造停用词集合
wc = WordCloud(font_path = 'msyh.ttc', stopwords = stopwords,
               background_color = 'white')
wc.generate(new_text)                                      # 生成词云图
plt.imshow(wc)                                             # 绘制词云图
plt.axis('off')                                            # 关闭坐标轴显示
plt.show()                                                 # 显示图像
```

## ◤ 20.3 习题

1. 热力图可以用于描述什么样的数据？**Colormap** 的作用是什么？

2. 生成100个范围在[0, 9]的随机整数对(x, y)，使用矩阵 matrix 保存每个
整数对出现的频率，如 matrix[0][0] = 10 表示有 10 个(0, 0)。绘制
matrix 矩阵的热力图。

3. 英文文本和中文文本的词云图绘制步骤分别是什么？

4. 绘制中文文本的词云图时，为什么要对文本进行分词？

5. 自编文本绘制词云图，添加功能将所有长度为 1 的词都自动设置为停用词。

# 第21章

# 数据分布图

## ▲ 21.1　直方图（hist）

直方图是用于描述数值数据的分布的特殊柱形图，即某些特定数据或某个区间的数据出现的次数或概率密度。

### 21.1.1　Matplotlib 绘制直方图

➢ matplotlib.pyplot.hist(x, bins = None, range = None, density = False, histtype = 'bar', **kwargs)

● x: array - like，输入的数据集，嵌套类数组或矩阵亦可，嵌套时将多个直方图绘制在一个画布上，如元组(a, b, c)，其中 a、b、c 均为一维向量（数据集）。

● bins: int 或 array - like，默认为 None，用于设置图形中直方图中 bin 的数量（即总共可以有几个桶来装数据，或几个柱），None 表示自动处理。若为整数序列，例如：[1, 2, 3, 4]，则每个 bin 的范围分别为[1, 2)，[2, 3)，[3, 4]，注意除了最后一个区间全闭，其他均为半开区间。若设置为 n，将输入数据按照[min, max]进行 n 等分，分成的若干区间除了最后一个区间全闭，其他区间均为前闭后开。

● range: tuple，格式为(xmin, xmax)，表示有效区间。数值低于 xmin 或高于 xmax 的样本将会被丢弃。如果 bins 设置为一个数组，则本参数无效。

- density：bool，是否将直方图绘制为概率密度分布图，默认 False。文档说明的绘制规则为 density = counts / (sum(counts) * np.diff(bins))，即在面积上总和为 1。

- histtype：str，表示直方图的绘制风格，可选选项为{"bar","barstacked", "step", "stepfilled"}，bar 表示以柱状图的模式绘图，barstacked 用于进行多数据集的表示，不同数据集的直方图有重叠是会自动抬高，避免堆叠，step 表示以阶梯图的模式绘图，stepfilled 表示使用有填充色的阶梯图，默认使用 bar。

- **kwargs：见表 16.1。

【例 21.1】bar 直方图，如图 21.1(a)所示。很坐标表示数据的数值范围，直方图的高度表示该范围内的数据有几个，例如在区间[1，2)之间的数据有 4 个

```
import matplotlib.pyplot as plt

x = [0, 1, 1, 2.2, 2, 1.2, 3, 4, 3, 1]
plt.hist(x, bins = (0, 1, 2, 3, 4, 5), edgecolor = 'w')    # bins 设置直方图区间
plt.show()
```

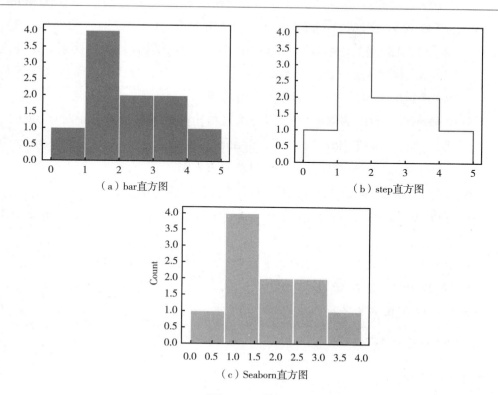

（a）bar直方图　　　　　　　　　（b）step直方图

（c）Seaborn直方图

图 21.1　直方图

【例21.2】step 直方图，如图 21.1(b)所示

```
import matplotlib.pyplot as plt

x = [0, 1, 1, 2.2, 2, 1.2, 3, 4, 3, 1]
plt.hist(x, histtype = 'step', bins = (0, 1, 2, 3, 4, 5))    # bins 设置直方图区间
plt.show()
```

### 21.1.2  Seaborn 绘制直方图

➢ seaborn.histplot(data, *, bins = 'auto', element = 'bars', fill = True, legend = True, color = None, *kwargs)

- data：array - like 或 pandas. DataFrame，要拟合的数据集，单数据集直接使用一维类数组，多数据集使用 DataFrame，每一列为一个数据集，且可自行设置 label。
- bins：int 或 array - like，可选，默认为 None，用于设置图形中直方图中 bin 的数量（即总共可以有几个桶来装数据，或几个柱），默认 None，若为整数序列，例如：[1, 2, 3, 4]，则每个 bin 的范围分别为[1, 2)，[2, 3)，[3, 4]，注意除了最后一个区间全闭，其他均为前闭后开。若设置为 n，将输入数据按照[min, max]进行 n 等分，分成的若干区间除了最后一个区间全闭，其他区间均为前闭后开。
- element：str，表示直方图的绘制风格，可选选项为{"bar", "step", "poly"}，不同于 Matplotlib，Seaborn 的 step 默认有填充色，poly 为 polygon 缩写，即以多边形的风格绘制直方图。
- fill：bool，默认 True，是否对直方图进行颜色填充。
- legend：bool，是否显示图例，也可以通过 matplotlib 的 legend 函数来显示。
- color：color 字符或 color 字符类数组，表示对应 bin 的颜色。
- **kwargs：见表 16.1。

【例21.3】sns 直方图，如图 21.1(c)所示

```
import matplotlib.pyplot as plt
import numpy as np
import seaborn as sns
import pandas as pd

x = np.array([0, 1, 1, 2.2, 2, 1.2, 3, 4, 3, 1])
```

```
data = {"A": x}
df = pd.DataFrame(data)
sns.histplot(df, edgecolor = 'k', lw = 1.5, legend = False)
plt.show()
```

## 21.2 箱线图（Box – whisker Plot）

箱线图用于描述数据的分布情况，可以同时反映数据的分布范围、中位数和其他的四分位点，图形反映的信息很多，箱线图的原理如图 21.2 所示。

```
     Q1-1.5IQR   Q1   median  Q3   Q3+1.5IQR
                  |-----:-----|
 o      |--------|     :     |--------|    o  o
                  |-----:-----|
flier             <----------->            fliers
                       IQR
```

图 21.2　箱线图组成（源自官网）

- 由 Q1 - 1.5IQR，第 1 四分位数 Q1，中位数 median（即第 2 四分位数），第 3 四分位数 Q3 和 Q3 + 1.5IQR 构成。
- 四分位数（Quartile）：也称四分位点，是指在统计学中把所有数值由小到大排列并分成四等份时，处于三个分割点位置的数值。
- 四分位距（interquartile range，IQR）：又称四分差。是描述统计学中的一种方法，IQR = Q3 - Q1。
- 置信区间（confidence interval）：均值的偏离程度，用于定义异常值。在置信区间[M - 1.5IQR, M + 1.5IQR]被称为正常值。
- 离群散点或异常值（Outfliers）：落在置信区间外的点，将被直接用散点描出。

### 21.2.1 Matplotlib 绘制箱线图

➢ matplotlib.pyplot.boxplot(x, vert = True positions = None, showfliers = True, labels = None, widths = None)

- x：一维 array - like 或嵌套 array - like，要绘制箱线图的数据集，若为一维类数组，则对该数组中的数据进行绘图；若为嵌套，则分别在不同位置按顺序为每一个嵌套的数据集绘制箱线图，即每一行数据是一个数据集。

- vert：bool，默认 True，表示在竖直方向绘图，如果为 False，则在水平方向绘图。
- positions：array - like，每一个箱体的位置，若 vert = True，表示 x 坐标；若 vert = False，表示 y 坐标。默认 range(1, N + 1)，N = len(x)。
- showfliers：bool，默认 True，是否显示离群散点（outliers），即数值超过置信范围的离群点（异常值）。
- labels：array - like，分别为 x 中的每一个数据集设置名称，也可以通过设置坐标刻度 matplotlib.pyplot.xticks（或 yticks）实现。
- widths：scalar 或 array - like，为箱子设置宽度，默认为 min（0.5，数据集中极大值与极小值差的 0.15 倍）。

【例 21.4】一个数据集的绘制，如图 21.3(a)所示

```
import matplotlib.pyplot as plt

x = [-10, -2, -1, 0, 0.5, 1, 1.2, 1.5, 3, 6, 7]
plt.boxplot(x)
plt.show()
```

【例 21.5】两个数据集的绘制，如图 21.3(b)所示

```
import matplotlib.pyplot as plt
import numpy as np

x = np.array([-2, -1, -3, 2, 3, 1])
plt.boxplot([x, x + 2])
plt.xticks([1, 2], ['A', 'B'])          # 更改 xticks
plt.show()
```

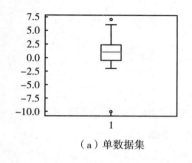 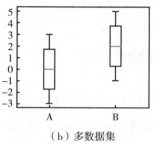 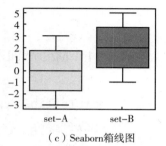

（a）单数据集　　　　　（b）多数据集　　　　　（c）Seaborn箱线图

图 21.3　箱线图

### 21.2.2　Seaborn 绘制箱线图

➢ seaborn.boxplot(data, *, orient = None, color = None, fliersize = 5, linewidth = None)

- data：array - like 或 pandas.DataFrame，如果是一个类数组（一维向量），则在横坐标 x = 1 处的垂直方向绘制箱线图，如果为向量数组（多个一维向量组成的数组），则按照顺序在不同的横坐标（x 从 1 开始）分别对应绘制每一个向量对应的箱线图，如果要使用字符串表示横坐标，使用 xticks 设置；如果使用 DataFrame，则表格的每一列是一组数据集，且 columns 属性自动匹配 xticks，无需再设置。
- orient：str，设置数据的绘制方向，可选{'h', 'v'}，分别表示水平和垂直，若未设置则为自动识别。
- color：str，设置箱体颜色。
- fliersize：scalar，离群点的大小。
- linewidth：scalar，箱体边框线条的宽度。

【例 21.6】sns 箱线图，如图 21.3(c)所示

```
import seaborn as sns
import matplotlib.pyplot as plt
import numpy as np
import pandas as pd

x = np.array([.-2, -1, -3, 2, 3, 1])
df = pd.DataFrame({'set - A': x, 'set - B': x + 2})
sns.boxplot(df)                              # 传入 DataFrame
plt.show()
```

## ◤ 21.3　小提琴图（violinplot）

小提琴图是箱线图的升级，使用 KDE 曲线围成。相比箱线图的"水桶腰"，小提琴图能够进一步描述数据分布密度，表现更加直观。

### 21.3.1　Matplotlib 绘制小提琴图

➢ matplotlib. pyplot. violinplot（dataset, positions = None,

vert = True, widths = 0.5, showmeans = False, showextrema = True,
showmedians = False, points = 100)

- dataset: 一维 array - like 或嵌套 array - like，要绘制小提琴图的数据集，若为一维类数组，则对该数组中的数据进行绘图。若为嵌套，则分别在不同位置按顺序为每一个嵌套的数据集绘制小提琴图，即每一行数据是一个数据集。

- position: array - like，小提琴对应坐标轴刻度的位置，默认[1, 2, …, n]。

- vert: bool，是否垂直绘图，默认 True。

- width：scalar 或 array-like，小提琴的最大宽度，默认 0.5，若为 array-like，则分别为每一个数据集设置小提琴的最大宽度。

- showmeans：bool，是否显示数据集的均值，默认 False，即不显示。

- showextrema：bool，是否显示数据集的极值，默认 True，即显示。

- showmedians：bool，是否显示数据集的中位数，默认 False，即不显示。

- points：int，使用多少个点来完成核密度估计，默认 100。

【例 21.7】matplotlib 小提琴图，如图 21.4(a)所示

```
import numpy as np
import matplotlib.pyplot as plt

data1 = np.array([. -2, -1, 0, -1, -1, 2, 2, 1, 1.5,
          3, 1.5, -1.5, 2, 1.5, 2, 2, 3])
data2 = data1 + 1
plt.violinplot([data1, data2], showmeans = True)
plt.show()
```

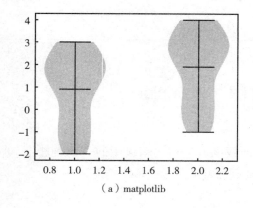 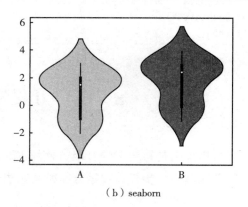

（a）matplotlib　　　　　　（b）seaborn

图 21.4　小提琴图

## 21.3.2 Seaborn 绘制小提琴图

➢ seaborn.violinplot(data, *, orient = None, color = None)

- data：array - like 或 pandas.DataFrame，如果是一个类数组（一维向量），则在横坐标 x = 1 处的垂直方向绘制小提琴；如果为向量数组（多个一维向量组成的数组），则按照顺序在不同的横坐标（x 从 1 开始）分别对应绘制每一个向量对应的小提琴图；如果要使用字符串表示横坐标，使用 xticks 设置；如果使用 DataFrame，则表格的每一列是一组数据集，且 columns 属性自动匹配 xticks，无需再设置。
- orient：str，设置数据的绘制方向，可选 {'h', 'v'}，分别表示水平和垂直，若未设置则为自动处理。
- color：str，表示对应小提琴的填充颜色的颜色。

【例 21.8】sns 小提琴图，如图 21.4(b)所示

```
import matplotlib.pyplot as plt
import seaborn as sns
import numpy as np
import pandas as pd


data1 = np.array([.-2, -1, 0, -1, -1, 2, 2, 1, 1.5,
                3, 1.5, -1.5, 2, 1.5, 2, 2, 3])
data2 = data1 + 1
df = pd.DataFrame({'A': data1, 'B': data2})
sns.violinplot(df)
plt.show()
```

## 📐 21.4 增强箱线图（boxenplot）

增强箱线图增加了直方图成分，能够和小提琴图一样进一步显示数据的密度分布，需要使用 Seaborn 绘制。

➢ seaborn.boxenplot(data, *, orient = None, **kwargs)

- data：array - like 或 pandas.DataFrame，要绘制的数据集，如果使用二维数组，则每一行为一个数据集，每个数据集在对应坐标轴上的对应关系为 1，2，3，若使用 DataFrame，则每一列是一个数据集，且对应坐标

轴的 tick 会根据 DataFrame 对象的 columns 自动设置 tick。

- orient：str，设置数据的绘制方向，可选{'h','v'}，分别表示水平和垂直，若未设置则为自动识别。
- **kwargs：见表 16.1。

【例 21.9】增强箱线图，如图 21.5 所示

```
import seaborn as sns
import matplotlib.pyplot as plt
from numpy.random import Generator, PCG64
import pandas as pd

rng = Generator(PCG64(1234))
data = rng.normal(0, 1, 500)                          # 使用正态随机数
df = pd.DataFrame({'set - A': data, 'set - B': data + 2})   # 传入 DataFrame
sns.boxenplot(data = df)
plt.show()
```

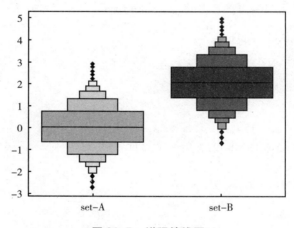

图 21.5　增强箱线图

## 📐 21.5　地毯图（rug）

地毯图通常与散点图搭配使用，用于展示散点在两个坐标轴上的分布情况，散点图可以使用 Matplotlib 绘制，也可以使用 Seaborn 绘制，地毯图则需要使用 Seaborn。

- ➤ seaborn.rugplot(*, x = None, y = None, **kwargs)
- x：array - like，要在 x 轴上进行统计的数据，即散点图中的 x，若不设置，则不会在 x 轴上绘制地毯图。

- y：array-like，要在 y 轴上进行统计的数据，即散点图中的 y，若不设置，则不会在 y 轴上绘制地毯图。
- **kwargs：见表 16.1。

【例 21.10】地毯图 + 散点图，如图 21.6 所示

```
import matplotlib.pyplot as plt
import seaborn as sns
from numpy.random import Generator, PCG64

rg = Generator(PCG64(123))                          #生成数据
x = rg.normal(1, 1, 100)
y = rg.normal(0, 1, 100)
plt.scatter(x, y)                                   #绘制散点图
sns.rugplot(x = x, y = y, height = 0.05)            #增加地毯图
plt.show()
```

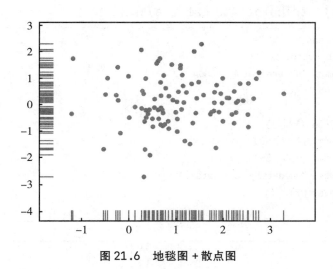

图 21.6　地毯图 + 散点图

## 📐 21.6　分类散点图

分类散点图通过散点图绘制数据的分布情况。需要使用 Seaborn 绘制。

➤ seaborn.stripplot(data, *, orient = None, color = None, size = 5, edgecolor = 'gray', legend = 'auto', **kwargs)

➤ seaborn.swarmplot(data, *, orient = None, size = 5, color = None, edgecolor = 'gray', legend = 'auto')

- data：1D array - like, 2D array - like 或 pandas. DataFrame，要绘制的数据集。如果使用二维类数组，则每一行为一个数据集，每个数据集在对应坐标轴上的对应关系为 1，2，3，…，若使用 DataFrame，则每一列是一个数据集，且对应坐标轴的 tick 会根据 DataFrame 对相关中的 columns 自动设置。
- orient：str，设置数据的绘制方向，可选 {'h', 'v'}，分别表示水平和垂直，若未设置则为自动识别，通常只有一个数据集则会自动设置为 'h'，多数据集为 'v'。
- color：str，设置颜色。
- size：scalar，散点的尺寸。
- edgecolor：str，设置散点边框的颜色。
- **kwargs：见表 16.1。

【例 21.11】stripplot，如图 21.7(a)所示

```
import seaborn as sns
import matplotlib.pyplot as plt
from numpy.random import Generator, PCG64
import pandas as pd

rg = Generator(PCG64(1234))
data1 = rg.uniform( -1, 1, 50)
data2 = rg.uniform( -2, 2, 50)
df = pd.DataFrame({'A': data1, 'B': data2})
sns.stripplot(data = df)
plt.show()
```

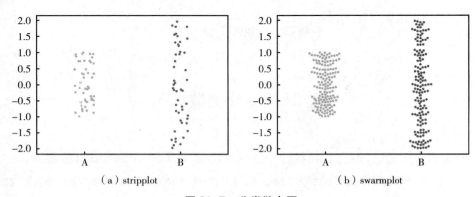

（a）stripplot          （b）swarmplot

图 21.7　分类散点图

【例21.12】swarmplot，如图21.7(b)所示

```
import seaborn as sns
import matplotlib.pyplot as plt
import pandas as pd
from numpy.random import Generator, PCG64


rg = Generator(PCG64(1234))
data1 = rg.uniform(-1, 1, 150)
data2 = rg.uniform(-2, 2, 150)
df = pd.DataFrame({'A': data1, 'B': data2})
sns.swarmplot(data = df)
plt.show()
```

## ▲ 21.7 核密度估计图（KDE）

核密度估计图（kernel density estimation，KDE）用于估计和拟合数据（连续型）的概率密度函数，需要使用 Seaborn 绘制。本教程仅介绍基本使用，更多内容可查看文档。

➢ seaborn.kdeplot(data, *, palette = None, fill = None, **kwargs)

- data：array - like，2D array - like 或 pandas.DataFrame，要绘制的数据集。如果使用二维数组，则每一行为一个数据集。若使用 DataFrame，则每一列为一个数据集，且 DataFrame 对象的 columns 列索引自动设置为图例。

- platette：array - like，KDE 曲线的颜色，若有两个数据集，可使用['k', 'b']将两个数据集的 KDE 曲线分别设置为黑色和蓝色；若要同时设置所有数据集的 KDE 曲线颜色为黑色，可设为['k']。若只有一个数据集，可直接使用 color 参数设置。

- fill：bool，默认 False，是否对曲线进行颜色填充。

- **kwargs:
  - multiple：str，默认'layer'，多个核密度估计图的显示方式，可选值有{'layer', 'stack', 'fill'}。layer 即分层，将多个 KDEplot 直接放到一个画布上。stack 为堆叠，会为了避免重叠而将部分 KDE-plot 抬高。fill 为填充，以面积进行表示，通常用于绘制单一数据集的多个不同事件子集。

■ 见表 16.1。

【例 21.13】 KDE，如图 21.8 所示

```python
import matplotlib.pyplot as plt
import numpy as np
import seaborn as sns
import pandas as pd

data1 = np.array([2, 1, -0.1, -0.2, -0.3, 0, 0.23, 0.4, 0.5, -1, -2])
data2 = data1 + 2
df = pd.DataFrame({'A': data1, 'B': data2})
data = (data1, data2)
plt.figure(figsize = (16, 4))                          # 设置画布尺寸
plt.subplot(121)                                        # 使用 DataFrame 绘制 KDE
sns.kdeplot(data = df, palette = ('k', (0, 0, 1)))
plt.subplot(122)                                        # 使分别绘制两个数据集
sns.kdeplot(data = data1, color = 'k', label = 'A')
sns.kdeplot(data = data2, color = 'k', ls = '- -', label = 'B')
plt.legend(edgecolor = 'k')
plt.show()
```

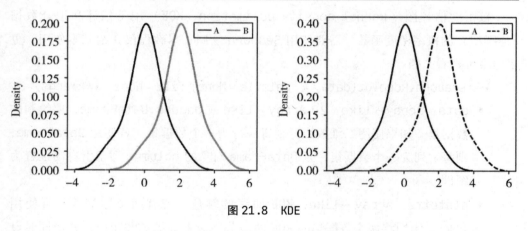

图 21.8 KDE

# 21.8 习题

1. 使用均匀分布随机数分别生成 100、200、300、500 个点 (x, y)，x 和 y 均服从 U(0, 1)，并分别绘制这些样本的直方图、散点地毯图、分类散点图和 KDE。

2. 使用正态分布随机数分别生成 100、200、300、500 个服从 $N(0, 1^2)$ 的随机数，并使用子图分别绘制样本的直方图、箱线图和 KDE。

# 第22章
## 极坐标绘图

### 22.1 极坐标与 Axes 类

#### 22.1.1 极坐标

如图 22.1 所示,极坐标中的点使用极角($\theta$)和极径($r$)表示。其中极角即该点与原点的连线与 0 度角基准线的夹角(基准线逆时针旋转到该点与原点连线时掠过的角度),极径则是该点与原点的距离。

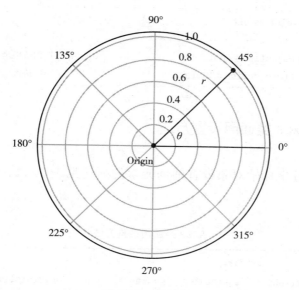

图 22.1 极坐标

## 22.1.2　Axes 与 PolarAxes 构造方法

在极坐标中绘图需要构造 matplotlib.projections.polar.PolarAxes 类（简称 PolarAxes）对象，并调用相关绘图方法进行绘图。

### 1．直接构造

➤ matplotlib.pyplot.axes(projection = None, polar = False)

- projection：str，投影方式，默认平面直角坐标系，可取值与 subplot 中的同名参数相同，若需要构造极坐标系，仅需本参数设置为 'polar' 或设置参数 polar = True。
- return：返回指定坐标系的 Axes 子类，若为极坐标系，则为 PolarAxes 对象。

### 2．使用子图划分方法构造

在子图划分部分介绍过 subplot 会返回一个坐标轴对象，官方文档建议使用子图方法构造坐标轴，因为这可以在同一个画布中的不同子图使用不同的坐标系。见本教程第 19 章 19.1.1 节，matplotlib.pyplot.subplot 函数会返回一个坐标轴对象，只需要在 **kwargs 参数中设置 projection 参数为 'polar' 即可。

【例 22.1】构造极坐标 PolarAxes 对象

```
import matplotlib.pyplot as plt

axes_1 = plt.axes(projection = 'polar')          # 直接构造极坐标系对象
axes_2 = plt.subplot(projection = 'polar')       # 子图构造极坐标系对象
```

## 22.1.3　Axes 类通用设置方法

部分直接通过坐标轴对象设置辅助元素的方法见表 22.1，更多内容可查看文档。

表 22.1　　　　　　　　　　　　　　Axes 类通用设置方法

| 方法签名 | 说明 |
|---|---|
| Axes.set_title(label, loc = 'center', **kwargs) | 同 matplotlib.pyplot.title |
| Axes.set_xlim(left = None, right = None) | 同 matplotlib.pyplot.xlim |
| Axes.set_ylim(bottom = None, top = None) | 同 matplotlib.pyplot.ylim |

| 方法签名 | 说明 |
|---|---|
| Axes.set_xlabel(xlabel, loc, **kwargs) | 同 matplotlib.pyplot.xlabel |
| Axes.set_ylabel(ylabel, loc, **kwargs) | 同 matplotlib.pyplot.ylabel |
| Axes.legend(*args, **kwargs) | 同 matplotlib.pyplot.legend |

## 22.1.4  极坐标调整与辅助元素

极坐标的调整与辅助元素的使用需要通过 PolarAxes 对象进行。

### 1．设置极径的显示范围

➤ PolarAxes.set_rlim(bottom = None, top = None)
- bottom：scalar，极径可显示范围最小值。
- top：scalar，极径可显示范围最大值。

### 2．设置极径标签角度

➤ PolarAxes.set_rlabel_position(value)
- value：scalar，极径标签所在直线的角度（单位为度）。

### 3．设置极径网格

➤ PolarAxes.set_rgrids(radii, labels = None, angle = None, fmt = None)
- radii：array - like of scalar，极径网格线的所在圆的半径。同直角坐标系的 ticks。labels 设置为空列表[]，则不显示极径网格。
- labels：array - like of scalar 或 str，与 radii 对应的标签。同直角坐标系的 ticks。labels 设置为空列表[]，则网格不会显示任何刻度值。
- angle：scalar，极径标签所在直线的角度（单位为度）。

### 4．设置极角正方向

➤ PolarAxes.set_theta_direction(direction = 1)
- direction：int，- 1 为顺时针，1 为逆时针。

### 5．设置极角网格

➤ PolarAxes.set_thetagrids(angles, labels = None)

- angles：array - like of scalar，要画网格线的角度（单位为度）。
- labels：array - like of str，与 angles 角度对应的标签，同直角坐标系的 ticks，labels 设置为空列表[]，则网格不会显示任何刻度值。

### 6. 设置零度角位置

➢ PolarAxes.set_theta_zero_location(loc = 'E');
- loc：str，可取值有{"N", "NW", "W", "SW", "S", "SE", "E", "NE"}。

### 7. 设置文本

➢ PolarAxes.text(x, y, s, **kwargs)
- 使用同 matplotlib.pyplot.text(x, y, s, **kwargs)，区别在于此时 x 是极角（单位：弧度），y 是极径。

### 8. 指向型文本注释

➢ PolarAxes.annotate(text, xy, xytext, arrowprops **kwargs)
- 使用同 matplotlib.pyplot.annotate(text, xy, xytext, arrowprops **kwargs)，区别在于此时 x 是极角（单位：弧度），y 是极径。

## 22.2 极线图与散点图（plot 与 scatter）

### 22.2.1 极线图

直接使用折线图绘制即可，其中所有的点都需要用极坐标表示。

➢ PolarAxes.plot(*args, **kwargs)
- *args：格式为 theta, r, [fmt]。
  - theta：array - like，绘制折线的极角坐标。
  - r：array - like，绘制折线极径的 r 坐标。
  - fmt：format strings，可选，同 matplotlib.pyplot.plot。
- **kwargs：
  - 同直角坐标系折线图 matplotlib.pyplot.plot 中的**kwargs。

### 22.2.2 散点图

➢ PolarAxes.scatter(x, y, s, c, marker, *kwarg)

● x, y：scalar 或 array - like，要绘制的散点极角和极径坐标。

● s：scalar 或 array - like，可选，散点的尺寸（面积），映射关系为使用 $s^2$ 个像素点的大小绘制散点。

● c：str，可选，点的颜色。

● **kwargs：

  ■ 同直角坐标系散点图 matplotlib.pyplot.scatter 中的 **kwargs。

【例22.2】极坐标折线图，并对极坐标轴进行设置，如图 22.2 所示

```
import matplotlib.pyplot as plt
import numpy as np

theta = np.linspace(start =0, stop =2* np.pi, num =50)      # 极角坐标
r = np.linspace(start =0, stop =1, num = len(theta))         # 极径
ax = plt.subplot(121, projection = 'polar')                 # 构造子图 1 的坐标轴
r_grids = np.linspace(0, 1, num =5)                          # 设置网格刻度
ax.set_rgrids(r_grids)                                      # 设置网格
ax.set_rlim(0, 1)                                           # 设置极径范围
ax.plot(theta, r)                                          # 绘制折线图
ax.set_rgrids(r_grids)
ax.set_rlim(0, 1)
ax = plt.subplot(122, projection = 'polar')                # 构造子图 2 的坐标轴
ax.scatter(theta, r)                                       # 绘制散点图
plt.show()
```

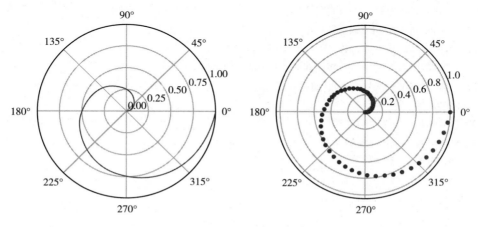

图 22.2  极坐标

## ◣ 22.3  雷达图（radar chart）

雷达图是以从同一点开始的轴上表示的三个或更多个定量变量的二维图表的形式显示多变量数据的图形方法。图 22.3 即使用雷达图描述了某位全能五边形程序员的能力值，类似于画像。任何一项技能的评分与技能对应的点距离原点的距离描述。**Matplotlib** 需要结合极线图和填充进行绘制，基本流程和方法为：

(1) 准备好对应的数据，需要换算为极坐标。

(2) 实例化极坐标系类对象，根据需求设置坐标系。

(3) 根据需求调节样式。

(4) 极坐标系使用 **fill** 颜色填充图填色。

(5) 绘制极坐标折线图作为轮廓（如果需要，注意首尾相接）。

【例 22.3】全能程序员雷达图，思考 labels 中的字符串为何有空格

```python
import matplotlib.pyplot as plt
import numpy as np

plt.rcParams['font.sans - serif'] = ['SimHei']           # 显示中文
plt.rcParams['axes.unicode_minus'] = False
ax = plt.subplot(projection = 'polar')                   # 获取极坐标系类对象
angles = np.linspace(0, 2 * np.pi, 5, endpoint = False)  # 设置点集和标签
r = [6.5, 6, 7, 9, 10]
labels = ['    修电脑', '修手机', '重装系统    ', '手机贴膜    ', '敲代码']
# 设置角度网格,配置标签(或属性名)
theta_grids = np.linspace(0, 360, 5, endpoint = False)
ax.set_thetagrids(theta_grids, labels = labels, fontsize = 14)
theta = np.append(angles, angles[0])                     # 对点集进行头尾连接
yr = np.append(r, r[0])
ax.plot(theta, yr, marker = "o")                         # 在极坐标中绘制折线图,并描出数据点
ax.fill(theta, yr, alpha = 0.5)                          # 填充颜色
plt.tick_params(pad = 10)
plt.show()
```

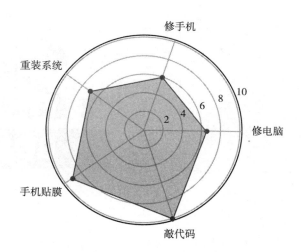

图22.3 全能程序员雷达图

## 22.4 习题

1. 绘制图22.1。

2. 阅读文档，尝试在极坐标系中绘制柱形图（南丁格尔玫瑰）并测试各参数的含义。

3. 编写函数 radar（values, labels, color = 'b', alpha = 1），绘制雷达图，类数组 values 为绘制的具体数值，类数组 labels 对应记录了 values 的文本描述，要显示在极角坐标中。

# 第23章

# 3D绘图

## 23.1 Axes3D

3D 坐标系类（class mpl_toolkits.mplot3d.axes3d.Axes3D），后续内容均简称为 Axes3D。可用于绘制三维图形，与极坐标系相同，需要单独构造。

### 23.1.1 Axes3D 对象的构造

Axes3D 对象可以直接构造（axes）或使用子图构造（subplot）。

```
import matplotlib.pyplot as plt

ax3d = plt.axes(projection = '3d')          # 直接构造
ax3d = plt.subplot(projection = '3d')       #子图构造,可添加子图号 111
```

### 23.1.2 Axes3D 坐标调整与辅助元素

Axes3D 的使用同 2D 的 Axes 完全相同，只是增加了对 z 轴的操作，将相应 x 轴、y 轴的 setter 方法名的 x 和 y 换为 z 即可，如 set_zlim、set_zticks、set_zlabel 等。更多与 3D 绘图有关的文档，可在 Matplotlib 官方文档中搜索 Axes3D，找到并点击跳转到类 mpl_toolkits.mplot3d.axes3d.Axes3D 的文档即可查看各类 setter 方法和绘图方法。绘制好的 3D 图在 show 后弹出的窗口里可以用鼠标拖拽旋转。

## 23.2 三维折线图（plot）与散点图（scatter）

### 23.2.1 三维折线图使用 Axes3D 对象的 plot3D 或 plot 方法

➢ Axes3D.plot3D(xs, ys, zs, zdir = 'z', **kwargs)

➢ Axes3D.plot(xs, ys, zs, zdir = 'z', **kwargs)

- xs, ys: 1D array - like，长度必须相同，表示对应点的 x 坐标和 y 坐标。

- zs: scalar 或 array - like，z 坐标，若为类数组，长度与 xs、ys 相同。

- zdir: str，可选值为{'x', 'y', 'z'}，默认'z'。用于在 3D 坐标系绘制 2D 图形，使用时通常 zs 设置为一个常量，用于在不同平行的平面上绘制不同图形，即指定 zs 的值对应哪个坐标轴的坐标。例如，如果设置为'z'，则此时 zs 的值为 z 坐标的值，绘制的图形在与 x - y 平面平行的平面上，且这个平面为 z = zs。若设置为'y'，则图形绘制在与 x - z 平面平行的平面上，该平面为 y = zs。如果设置为'x'，则此时 zs 的值为 x 坐标的值，绘制的图形在与 y - z 平面平行的平面上，且这个平面为 x = zs。

- **kwargs：见表 16.1。

【例 23.1】3D 折线图，如图 23.1(a)所示

```python
import matplotlib.pyplot as plt
import numpy as np

ax3d = plt.subplot(projection = '3d')
n = 50
theta = np.linspace(0, 4, n) * np.pi
r = np.linspace(0, 10, n)
x = np.cos(theta) * r
y = np.sin(theta) * r
z = np.linspace(0, 8, n)
ax3d.plot(x, y, z,label = '3D.plot')
plt.legend()
plt.show()
```

【例 23.2】并列折线图，如图 23.1(b)所示

```python
import matplotlib.pyplot as plt
import numpy as np

ax3d = plt.subplot(projection = '3d')
n = 100
x = np.linspace(0, 10, n) * np.pi          #x 设置为[0,10* pi]的范围
```

```
y = list()
for i in range(1, 4):
    y.append(np.sin(i * x))
z = 0
ax3d.set_xlabel("x")                                    # 标识 x 轴
ax3d.set_ylabel("y")                                    # 标识 y 轴
ax3d.set_zlabel("z")                                    # 标识 z 轴
for i in range(0, len(y)):
    label = f'3D_plot_{i}'                              # 自动生成 label 用于图例
    ax3d.plot(x, y[i], z, zdir = 'y', label = label, alpha = 0.8)    # 在 x - z 平面上绘图
    z += 2
plt.legend()
plt.show()
```

### 23.2.2　三维散点图，使用 scatter 方法

➢ Axes3D.scatter(xs, ys, zs = 0, zdir = 'z', s = 20, c = None, **kwargs)

- xs，ys：1D array - like，长度必须相同，表示对应点的 x 坐标和 y 坐标。
- zs：scalar 或 1D array - like，z 坐标，若为类数组，长度与 xs、ys 相同。
- s：scalar 或 array - like，设置散点的尺寸。
- c：str 或 array - like of str，设置散点的颜色。
- zdir：同 Axes3D.plot 中的 zdir。
- **kwargs：见表 16.1。

【例 23.3】3D 散点图，如图 23.1(c)所示

```
import matplotlib.pyplot as plt
import numpy as np

ax3d = plt.axes(projection = '3d')
n = 50
theta = np.linspace(0, 4, n) * np.pi
r = np.linspace(0, 10, n)
x = np.cos(theta) * r
y = np.sin(theta) * r
z = np.linspace(0, 8, n)
ax3d.scatter(x, y, z, alpha = 0.6, label = '3D.scatter1')
ax3d.scatter(x, y, 0, alpha = 0.6, label = '3D.scatter2')
plt.legend()
plt.show()
```

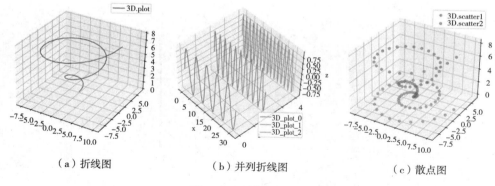

（a）折线图                （b）并列折线图                （c）散点图

**图 23.1    3D 基础绘图**

## ▲ 23.3    三维棉棒图（stem）

- ➤ Axes3D.stem(x, y, z, * ., linefmt = 'C0 - ', markerfmt = 'C0o', basefmt = 'C3 - ', bottom = 0, label = None, orientation = 'z')

- x，y，z：1D array - like，长度必须相同，表示对应棉棒头的 x、y 和 z 坐标。

- linefmt：str，定义棉棒的样式，同二维棉棒图。

- markerfmt：str，定义棉棒头的样式，同二维棉棒图。

- basefmt：str，定义基线的样式，同二维棉棒图。

- bottom：scalar，基线的高度。

- label：str，图形标签，或名称（用于 legend 函数调用）。

- orientation：str，棉棒方向，默认 z 轴方向，可选{'x', 'y', 'z'}。

【例 23.4】3D 棉棒图，如图 23.2 所示

```
import numpy as np
import matplotlib.pyplot as plt

theta = np.linspace(np.pi, - 0.5 * np.pi, num = 20, endpoint = False)
x = np.cos(theta)
y = np.sin(theta)
z = np.linspace(1, 0, num = 20)
ax3d = plt.axes(projection = '3d')
ax3d.stem(x, y, z)
plt.show()
```

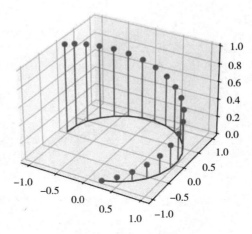

图 23.2   3D 棉棒图

## ▲ 23.4   并列柱形图（bar）

在三维坐标系中绘制并列二维并列柱形图。

➢ Axes3D.bar(left, height, zs = 0, zdir = 'z', **kwargs)

- left：1D array - like，柱形图中柱体的位置。
- height：1D array - like，柱形的高度。
- zs：scalar 或 array - like，柱形的 z 坐标。
- zdir：str，可选值为 {'x', 'y', 'z'}，默认 'z'，用于指定绘制的平面，原理同 Axes3D.plot 中的 zdir 参数。
- **kwargs：见表 16.1。

【例 23.5】并列柱形图，如图 23.3 所示

```
import matplotlib.pyplot as plt
import numpy as np
from numpy.random import Generator, PCG64

ax3d = plt.axes(projection = '3d')
rg = Generator(PCG64())
left = np.linspace(0, 9, 10)
zs = 0
for i in range(0, 4):
    height = rg.random(10)
    label = 'bar' + str(i)
    ax3d.bar(left, height, zs, zdir = 'y', alpha = 0.7, label = label)    # 设置在 x - z 平面绘图
```

```
    zs += 3
plt.legend()
plt.show()
```

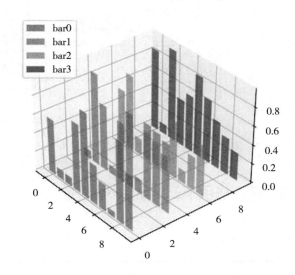

图23.3　3D折线图

# ▲ 23.5　计算机三维坐标映射关系

## 23.5.1　三维坐标映射关系

从数学上我们知道，一维空间（数轴）中，方程表示点，如 x = 2。二维空间中，方程表示线，如 y = 2x +1。继续扩展，三维空间中，方程表示面，如 z = x + y。与折线图类似，计算机中的 3D 绘图是使用大量的小平面（patch）组成的"折面图"，只要平面的数量足够多，曲面看上去就会比较圆滑。绘制曲面图首先需要理解计算机中平面方程的映射方式，如图 23.4 所示。

x，y 矩阵的相同位置表示该点的 x 坐标和 y 坐标，例如(2, 3)，经过函数 z(2, 3)映射到 z 的对应位置z[2, 3]，z 的行号由该点坐标在 y 中的行号决定，即 2（第 3 行），列号则由该点坐标在 x 中的列号决定，即 1（第 2 列）。方程最终的 z 值为 z(2, 3)。

因此在绘制三维图形时，首先需要构造网格矩阵 x 和 y，可以使用 numpy.meshgrid 函数轻松完成。

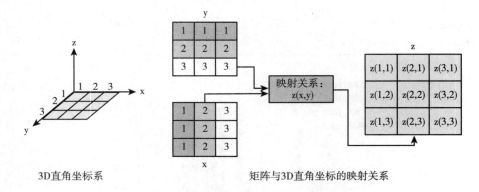

3D直角坐标系      矩阵与3D直角坐标的映射关系

图23.4   计算机三维坐标映射关系

## 23.5.2   生成矩阵网格用于三维坐标映射

➢   numpy.meshgrid(*xi)

● *xi：可变位置参数，仅考虑二维情况。

  ■ x, y：1D array-like，分别表示网格上该位置对应的坐标。

● return：X, Y，两个 2D array-like，若 x 长度为 a，y 长度为 b，则 X 和 Y 的形状均为 (b,a)。其中 X 的每一行都是一个完整的 x，Y 的每一列都是一个完整的 y。

【例23.6】生成网格矩阵

```
import numpy as np

x = (0, 1, 2, 3)
y = (4, 5, 6)
X, Y = np.meshgrid(x, y)
print(X)
print(' -----------')
print(Y)
--------------------------------运行结果------------------------------------
[[0 1 2 3]
[0 1 2 3]
[0 1 2 3]]
-----------
[[4 4 4 4]
[5 5 5 5]
[6 6 6 6]]
```

## 23.6　等高线（contour line）

### 23.6.1　等高线原理

等高线是一种三维数据的二维表示，常用于地理海拔的平面表示。如图 23.5 中的半球体，其中图 23.5(a)是从斜上方视角观察球体，该球体与 z＝0，z＝0.59 和 z＝0.96 三个平面的交线是三个位于对应的平面上的圆，且同一个圆上所有的点都具有相同的 z 坐标，即等高。为了方便，我们可以从 XY 平面的正上方向下观察，如图 23.5(b)，此时可以看到三个同心圆，但实际上三个圆的高度并不相同，每一个圆就是一条等高线。

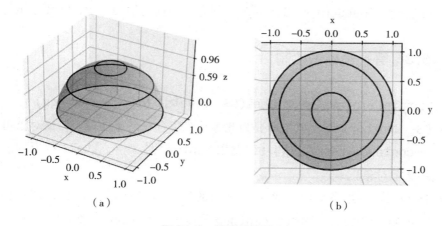

（a）　　　　　　　　　　　　（b）

图 23.5　等高线图原理

等高线具有以下特征：

（1）同一等高线上的所有的点具有相同的高度或 z 坐标。如图 23.5 中的所有位于最底层的圆上的点的高度均为 0。

（2）在同一等高线图中，不同高度的等高线不能相交。

（3）地理上的等高线是一条闭合的曲线，如果等高线不在同一幅图内闭合，则必在相邻或者其他图内闭合。

### 23.6.2　等高线绘制

➤　matplotlib.pyplot.contour(*args, **kwargs)

- *args:
  - X, Y, Z: 同形状矩阵（2D array-like），自变量矩阵 X，Y 和因变量矩阵 Z。
  - **kwargs:
  - levels: scalar 或 array-like，表示要截取等高线的平面 Z 坐标，即平面 z=levels，若为单一标量，则表示仅截取一个面的等高线。若为一维数组，则截取多个面的等高线。
  - vmin, vmax: scalar，在使用标量数据时，可以使用 vmin 和 vmax 来指定标量数据和 colormap 的最大最小值对应关系。
  - cmap: str，可选，设置标量颜色的映射，由于浅色效果不佳，通常不使用 cmap。
  - 其他参数见表 16.1。
- return: QuadContourSet 对象，保存了当前的绘图内容，用于生成标识。

### 23.6.3 等高线标识绘制

➢ matplotlib.pyplot.clabel(CS, levels=None, **kwargs)
- CS: ContourSet 对象，即要为此等高线集合对象添加标识，该对象可以通过 contour 绘图函数获得（即调用 contour 绘制等高线后，会返回所需要的这个对象）。
- levels: 一维类数组，表示要显示的等高线的平面 Z 坐标，即平面 z=levels，若缺省，则原本 contour 绘制的所有 levels 都显示标识。
- **kwargs:
  - fmt: str，格式化字符串，要显示的图例的格式，如 '%d' 表示以整数形式显示。
  - colors: str 或 array-like of str，若不设置，标识字体颜色与等高线相同。若设置为单一颜色，所有标识都以该颜色显示，若为数组，则标识显示为对应颜色。
  - 其他参数见表 17.1。

【例 23.7】等高线，如图 23.6(a)所示

```python
import numpy as np
import matplotlib.pyplot as plt

x = np.linspace(-1, 1)
```

```
y = np.linspace(-1, 1)
X, Y = np.meshgrid(x, y)
Z = X ** 2 + Y ** 2
ax = plt.contour(X, Y, Z, levels = (0.1, 0.5, 1), colors = 'k')    # 注意要接收返回值
plt.clabel(ax, colors = 'k')                                        # 设置等高线标识,传入 ax
plt.show()
```

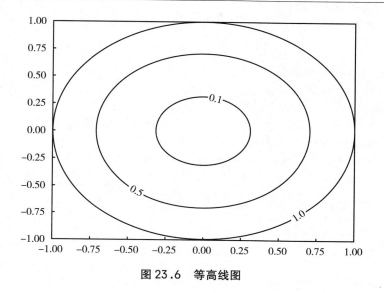

图 23.6　等高线图

# 23.7　曲面图（surface）和框线图（wire frame）

➢ Axes3D.plot_surface(X, Y, Z, **kwargs)

- X, Y, Z：同形状矩阵（2D array - like），X, Y 为自变量矩阵，Z 为因变量矩阵。

- **kwargs：
  - cmap：str，同热力图的 cmap，用颜色体现 z 值大小，默认不使用（此时根据 color 参数设置曲面图为纯色），三维图形常用 'rainbow' 方案。
  - norm, vmin, vmax：同热力图部分。
  - 其他参数见表 16.1。

➢ Axes3D.plot_wireframe(X, Y, Z, rcount, ccount, **kwargs)

- X, Y, Z：同形状矩阵（2D array - like），X, Y 为自变量矩阵，Z 为因变量矩阵。

- rcount, ccount：int，分别表示在 x 轴方向和 y 轴方向的采样点数，即几个线框，默认 50。
- **kwargs：见表 16.1。

【例 23.8】抛物面曲面图，如图 23.7(a)所示

```
import matplotlib.pyplot as plt
import numpy as np

num = 50
x = np.linspace( -4, 4, num)
y = np.linspace( -4, 4, num)
X, Y = np.meshgrid(x, y)
Z = X** 2 + Y** 2
ax3d = plt.axes(projection = '3d')
ax3d.plot_surface(X, Y, Z, cmap = 'rainbow', alpha =0.6)
plt.show()
```

【例 23.9】抛物面框线图，如图 23.7(b)所示

```
import matplotlib.pyplot as plt
import numpy as np

x = np.linspace( -5, 5, num =100)
y = np.linspace( -5, 5, num =100)
X, Y = np.meshgrid(x, y)
Z = X ** 2 + Y ** 2
ax = plt.axes(projection = '3d')
ax.plot_wireframe(X, Y, Z, rcount =10, ccount =5)
plt.show()
```

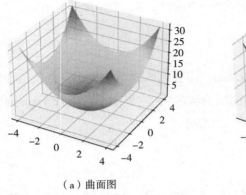
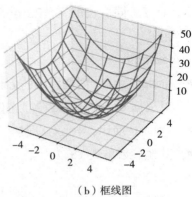

（a）曲面图　　　　　　　　　　（b）框线图

图 23.7　抛物面

## 23.8　三维柱体图（bar3D）

三维柱体图中的柱体基于锚点（anchor point），如图 23.8 所示。

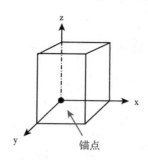

图 23.8　锚点

（1）在三维直角坐标系中绘制三维柱体图，需要指定每一个柱体的 anchor point 坐标，即图中的原点坐标。

（2）绘制时需要指定柱体的宽度（x 方向）、深度（y 方向）和高度（z 方向），以宽度为例，表示该柱体在 x 正方向上的长度，如果设置为 1，则绘制时其在 x 轴上的投影为从锚点沿 x 正方向移动一个单位；同理如果为 -1，则沿 x 负方向移动。

➢ Axes3D.bar3d(x, y, z, dx, dy, dz, color, **kwargs)

- x，y，z：scalar 或 1D array - like，锚点的 x、y 和 z 坐标，若为一个标量，则所有柱体的锚点的对应坐标均相同。
- dx，dy，dz：scalar 或 1D array - like，柱体宽度（在指定轴正方向上的长度），单一标量则为所有柱体设置，类数组则为每一个柱体单独设置。
- **kwargs：
  - color：str 或 array - like of str，用于指定不同柱状图所使用的颜色。
  - 其他参数见表 16.1。

注意：一般情况下，锚点的 z 值均设置为 0，dz 用于表示函数的值，由于曲面图和柱体图不能设置图例，通常不会把多个数据集的数据放在一个图中进行堆叠显示。

【例 23.10】bar3D，如图 23.9 所示

```python
import matplotlib.pyplot as plt
import numpy as np

z = 0
ax = plt.axes(projection = '3d')
for x in np.arange(0, 5):
    for y in np.arange(0, 5):
        ax.bar3d(x, y, z, dx =0.8, dy =0.8, dz =0.5 *  x + 0.5 *  y, alpha =0.7)   # 循环绘制多个柱体
ax.set_xlabel('x')
ax.set_ylabel('y')
ax.set_zlabel('z')
plt.show()
```

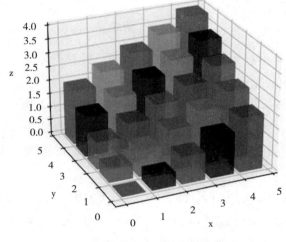

图 23.9　bar3D

## ◤ 23.9　视角调整

为了避免混淆，Matplotlib 绘制三维图形通常必须设置坐标轴的 label，但即使设置了 label，看图不仔细的读者依然容易产生混淆，因此可以强行更改默认视角，即自动旋转默认坐标系视角，以符合常规数学作图习惯。调整默认视角的函数如下。

➢ Axes3D.view_init(elev = None, azim = None, roll = None, vertical_axis = 'z')

• elev：scalar，即 elevation angle，表示视角的高度，单位为度，0°表

示与 xy 平面齐平的角度。

- azim：scalar，即 azimuth angle，表示方位角，单位为度，即从上往下看，水平方向的视角需要旋转的角度。

- roll：scalar，镜头倾斜度，单位为度，默认 0，表示镜头逆时针旋转的角度。

- vertical_axis：str，可取 {"x", "y", "z"}，默认为 "z"，即指定哪一个坐标轴的正方向为竖直向上，通常为 z 轴，即通常不需要设置，azim 参数的方位角旋转即按照以本参数设置轴的正方向位置向画布观察。

【例23.11】视角调整，使用以下代码绘制一个三维图形

```python
import matplotlib.pyplot as plt
import numpy as np

x = np.linspace(0, 2* np.pi)
y = np.sin(x)
ax = plt.axes(projection = '3d')
ax.set_xlabel('x')
ax.set_ylabel('y')
ax.set_zlabel('z')
plt.plot(x, y, 0)
plt.show()
```

如何寻找视角参数？在图形绘制出来之后，按住鼠标左键，拖拽图形旋转时可查看当前视角参数，如图 23.10(a)。旋转至数学绘图常规视角，可看到当前视角 elev = 25，azim = 45，如图 23.10(b)。使用以下代码，图形绘制出来后的默认视角即图 23.10(b)中的视角。

```python
import matplotlib.pyplot as plt
import numpy as np

x = np.linspace(0, 2* np.pi)
y = np.sin(x)
ax = plt.axes(projection = '3d')
ax.set_xlabel('x')
ax.set_ylabel('y')
ax.set_zlabel('z')
ax.view_init(elev = 25, azim = 45)
plt.plot(x, y, 0)
plt.show()
```

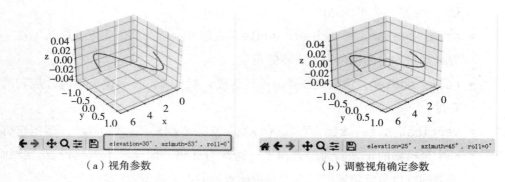

（a）视角参数                    （b）调整视角确定参数

图 23.10　视角调整

## 23.10　习题

1. 三维图形绘制中，网格矩阵如何表示图形的 x、y 和 z 坐标。

2. 等高线图的原理是什么？

3. 尝试绘制图 23.5。

4. 尝试在三维坐标系中绘制球体。

# 主要参考文献

[1]沐言科技、李兴华：《Python 从入门到项目实战》，中国水利水电出版社 2020 年版。

[2]朱雷：《Python 工匠：案例、技巧与工程实践》，人民邮电出版社 2022 年版。

[3]王桂芝：《Python 程序设计基础与实战》，人民邮电出版社 2022 年版。

[4]江红、余青松：《Python 程序设计与算法基础教程（第 2 版)》清华大学出版社 2019 年版。

[5]崔庆才：《Python3 网络爬虫开发实战（第 2 版)》，人民邮电出版社 2021 年版。

[6]刘瑜：《Python 编程从数据分析到机器学习实践》，中国水利水电出版社 2020 年版。

[7]黑马程序员：《Python 数据可视化》，人民邮电出版社 2021 年版。

[8]黑马程序员：《Python 网络爬虫基础教程》，人民邮电出版社 2022 年版。

[9]张杰：《Python 数据可视化之美：专业图表绘制指南》，人民邮电出版社 2020 年版。

图书在版编目（CIP）数据

Python 程序设计、仿真与数据可视化基础／平安编
著．－－北京：经济科学出版社，2024.3
ISBN 978－7－5218－5546－3

Ⅰ.①P… Ⅱ.①平… Ⅲ.①软件工具－程序设计
Ⅳ.①TP311.561

中国国家版本馆CIP数据核字(2024)第005697号

责任编辑：初少磊　杨　梅
责任校对：刘　娅
责任印制：范　艳

**Python 程序设计、仿真与数据可视化基础**
Python CHENGXU SHEJI, FANGZHEN YU SHUJU KESHIHUA JICHU
平　安　编著
经济科学出版社出版、发行　新华书店经销
社址：北京市海淀区阜成路甲 28 号　邮编：100142
总编部电话：010－88191217　发行部电话：010－88191522
网址：www. esp. com. cn
电子邮箱：esp@ esp. com. cn
天猫网店：经济科学出版社旗舰店
网址：http://jjkxcbs. tmall. com
北京季蜂印刷有限公司印装
710 × 1000　16 开　17.75 印张　310000 字
2024 年 3 月第 1 版　2024 年 3 月第 1 次印刷
ISBN 978－7－5218－5546－3　定价：56.00 元
(图书出现印装问题，本社负责调换。电话：010－88191545)
(版权所有　侵权必究　打击盗版　举报热线：010－88191661
QQ：2242791300　营销中心电话：010－88191537
电子邮箱：dbts@esp. com. cn)